Vögel im Garten

Ein naturnaher Garten bietet Brutplätze für viele Vogelarten. Die Höhlenbrüter **Star, Kohl- und Blaumeise** nehmen gerne Nistkästen an. **Haussperlinge** finden unter Dachziegeln und in Mauerritzen Brutplätze, die üppig ausgepolstert werden. Genau wie **Feldsperlinge** nutzen sie aber auch gern Nistkästen. **Buntspechte** zimmern ihre Bruthöhlen selbst in kräftige Bäume und brüten daher selten in Gärten.

Die sogenannten Freibrüter bauen in Bäumen und Büschen klassische Nester aus Zweigen und trockenem Gras. Bei **Ringeltauben** sind diese erstaunlich klein und locker zusammengefügt, sodass die Eier oft von unten sichtbar sind. **Amseln, Rotkehlchen** und **Grünfinken** verstecken ihre napfförmigen Nester in Hecken oder in der Wandbegrünung. **Rotkehlchen** brüten jedoch auch häufig in Nischen und gehören zusammen mit dem **Hausrotschwanz** zu den Halbhöhlenbrütern, für die es spezielle Nistkästen gibt. Die Nester von **Zaunkönigen** und **Elstern** sind in ihrer Größe sehr unterschiedlich, jedoch beide von auffällig kugeliger Form mit seitlichem Eingang.

Mehlschwalben kleben Nester aus Lehmklümpchen an Hauswänden in den Winkel zum Dachüberstand. **Mauersegler** suchen sich Spalten hinter Wandverkleidungen oder unter Dachziegeln und können mit speziellen Nistkästen unterstützt w

Felix Weiß

Einfach Gartenvögel

75 Arten ganz leicht erkennen

KOSMOS

Inhalt

Vögel bestimmen

Wenn wir einem Vogel einen Namen geben, seine Artzugehörigkeit bestimmen, wird er begreifbar. Wir können mehr über sein Leben erfahren und den Moment der Beobachtung einordnen in andere Begegnungen mit Vögeln derselben Art. Der Vogel wird zu einem Bekannten, den man bei der nächsten Begegnung schneller wiedererkennt und der irgendwann so vertraut wird, dass man ihn auch bei einem flüchtigen Blick im Vorbeigehen erkennt und vieles über seine Lebensweise weiß. Bei der ersten Begegnung steht man allerdings noch rätselnd vor dem unbekannten Federtier. Dass Vögel ständig in Bewegung sind, fliegen können und meist Abstand zu uns Menschen halten, macht es oft zu einer großen Herausforderung, die feinen Unterschiede zu erkennen, die für die Unterscheidung der Arten manchmal wichtig sind.

Die Vogelarten in diesem Bestimmungsbuch sind nach ihrer Verwandtschaft angeordnet. Ähnliche Arten sind auf benachbarten Seiten abgebildet. Falls Sie einen unbekannten Vogel ungefähr einer Gruppe, zum Beispiel den Meisen, zuordnen können, ist der schnellste Weg zur Bestimmung direkt zur Gruppe zu blättern und dort die wenigen infrage kommenden Arten zu studieren.

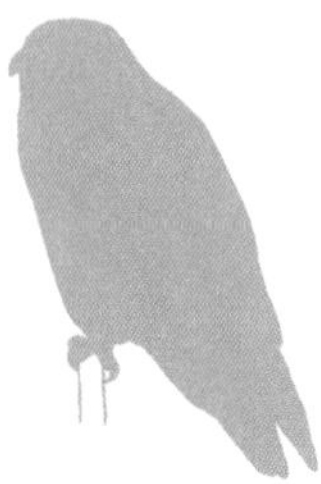

Mäusebussard 52 cm

Raben-/Nebelkrähe 47 cm

Straßentaube 33 cm

Amsel 26 cm

Haussperling 15 cm

Zilpzalp 11 cm

Vergleichen Sie einen unbekannten Vogel mit obigen Referenzarten, und schätzen Sie so die Größe ab. Sie ist ein wichtiges Merkmal für die Bestimmung.

Finken wie dieser Grünfink (links) ernähren sich vegetarisch und haben kräftige, Insektenfresser wie die Nachtigall (rechts) dagegen dünne, spitze Schnäbel.

Die Größe

Falls Sie keine solche spontane Eingebung haben, müssen Sie etwas systematischer vorgehen. Das vielleicht wichtigste Bestimmungsmerkmal eines Vogels ist seine Größe. Versuchen Sie diese relativ zu anderen vertrauten Vogelarten abzuschätzen. Ist der unbekannte Vogel größer als ein Haussperling, aber kleiner als eine Amsel? Zu jeder Vogelart ist bei den Abbildungen die durchschnittliche Größe angegeben, die als Vergleich zu den Referenzarten wichtige Hinweise für die Bestimmung liefert. Die meisten Singvogelarten sind vergleichsweise kleine Vögel und im Buch ab Seite 49 abgebildet.

Der Schnabel

Unser Blick fällt bei einem Vogel genau wie bei einem Menschen zuerst auf die Augen und das Gesicht. Bei Vögeln ist natürlich auch der Schnabel ein entscheidendes Merkmal. Die Zeichnung des Kopfes scheint auch für Vögel untereinander von besonderer Bedeutung zu sein: für die Erkennung von Artgenossen und bei der Partnerwahl. Besonders wichtig für die Bestimmung ist die Form des Schnabels. Nach ihr können Vögel auch grob einer Gruppe zugeordnet werden. Frei nach dem Motto *Zeig mir deinen Schnabel, und ich sag dir was du frisst* kann aus der Form auf die Ernährungsgewohnheiten geschlossen werden. Singvögel mit großen stumpfen Schnäbeln ernähren sich überwiegend von vegetarischer Kost: von Pflanzensamen und Knospen. In diese Gruppe gehören die Finken, die Ammern und die Sperlinge, die im Buch ab Seite 102 abgebildet werden. Die meisten anderen Singvogelarten ernähren sich fast ausschließlich von Insekten, Spinnentieren und Würmern und haben dünne, spitze Schnäbel.

Überaugenstreifen wie beim Zaunkönig (oben) oder Masken wie beim Kleiber (unten) sind wichtige Gefiedermerkmale für die Bestimmung.

Der Kopf

Das Kopfgefieder zeigt ebenfalls oft charakteristische Merkmale. Bei vielen Vogelarten zieht sich ein heller Streifen über dem Auge zum Nacken. Dieser Überaugenstreif erinnert an eine Augenbraue und erzeugt einen strengen Gesichtsausdruck. Vögel ohne Überaugenstreif wie das Rotkehlchen oder das Wintergoldhähnchen wirken offener und freundlicher. Bei einigen Arten wie dem Kleiber ist das Auge hingegen in einer dunklen Maske verborgen.

Das Gefieder

Die Muster auf Flügeln und Bauch liefern weitere wichtige Hinweise für die Bestimmung. Da wir Vögel häufig von unten sehen, ist die Zeichnung auf dem Bauch und der Brust besonders auffällig. Sie kann einfarbig sein wie bei einer Amsel, mehr oder weniger kräftig gestreift wie bei einer Heckenbraunelle, gefleckt wie bei einer Singdrossel oder quer gebändert wie bei einem Sperber. Das Kinn direkt unterhalb des Schnabels und die Kehle darunter sind bei vielen Arten auffällig anders gefärbt als der Bauch. Dieses Merkmal ist oft gut zu erkennen und beispielsweise für viele Meisen oder den Kernbeißer typisch. Auf den Flügeln sind häufig ein bis zwei helle Querbänder zu erkennen, die durch die hellen Spitzen der Federn gebildet werden und wichtige Bestimmungsmerkmale darstellen.

Vögel im Flug

Die Bestimmung von fliegenden Vögeln ist vielleicht die größte Herausforderung. Oft hat man nur wenige Augenblicke Zeit für die Beobachtung, und Merkmale sind schwerer zu erkennen als bei sitzenden Artgenossen. Gegen den hellen Himmel löst sich der Vogel oft völlig in einer dunklen Silhouette auf. Besonders hilfreich ist bei fliegenden Vögeln daher auch die Einschätzung der Größe im Vergleich zu bekannten Arten. Die Gestalt ist für die Bestimmung im Flug ebenfalls sehr wichtig, insbesondere die Länge und Form der

Schwanzfedern. Sie kann die Form eines Keils einnehmen, sanft gerundet sein oder tief gekerbt wie bei einer Rauchschwalbe. Auch die Flügelspitze kann sehr unterschiedlich gestaltet sein, spitz wie bei Falken und dem Mauersegler oder rund mit sichtbaren einzelnen Federspitzen wie bei Mäusebussard und Eichelhäher. Auch wenn Details der Färbung oft nicht zu erkennen sind, sollten Sie doch auf die Färbung der äußersten Schwanzfedern achten. Bei manchen Arten sind diese auffällig weiß gefärbt, auch Querbinden auf dem Schwanz oder eine breite Binde am Schwanzende sind auffällige Merkmale. In den Flügeln lässt sich manchmal ein kontrastreicher heller Flügelstreif erkennen wie beim Kernbeißer oder Stieglitz.

Weitere Bestimmungsmerkmale

Im Buch sind wichtige Bestimmungsmerkmale durch kurze Erläuterungen an den Abbildungen hervorgehoben. Auf Fachbegriffe wurde dabei bewusst verzichtet, um den Einstieg in die Vogelbeobachtung möglichst einfach zu gestalten. Ansonsten sprechen die naturgetreuen Illustrationen von Paschalis Dougalis für sich und werden im Text nicht weiter beschrieben. Vielmehr finden Sie im ersten Absatz eine kurze Charakterisierung der Art mit unterschiedlichen Aspekten zum Beispiel zu Verhalten, Lebensraum oder Vogelzug. Der zweite Absatz stellt Besonderheiten der Art vor, denn das Leben der Vögel hat viele spannende Geschichten zu bieten.

Die Auswahl der Arten in diesem Buch

In diesem Bestimmungsbuch finden Sie 75 Vogelarten Mitteleuropas, die häufig in Gärten zu beobachten sind oder sogar dort brüten. Die Auswahl erleichtert die Bestimmung für Einsteiger in die Vogelbeobachtung. Es kann allerdings vorkommen, dass Sie einem Vogel begegnen, den Sie trotz sorgfältigem Vergleich mit den Abbildungen im Buch nicht finden, aber vielleicht konnten Sie ihn zumindest einer Vogelgruppe zuordnen. Sie sollten dann die Bestimmung mit einem umfassenderen Bestimmungsbuch wie beispielsweise *Was fliegt denn da?* oder *Der Kosmos Vogelführer* fortsetzen und können mit den notierten Merkmalen gleich in der richtigen Gruppe einsteigen.

Auch einige Arten wie dieser Rotmilan, die Gärten nicht besuchen, aber häufig vorbeifliegend zu beobachten sind, werden im Buch dargestellt.

Die Stimmen der Vögel

Vielleicht sind uns Vögel deshalb so vertraut, weil sie sich ebenfalls überwiegend mit ihrer Stimme verständigen. Während Hunde und Katzen sich beschnuppern, üben sich Vögel im Sängerwettstreit. Im Frühjahr tragen die Männchen ihre oft melodischen Gesänge vor, um ihr Revier gegen Artgenossen abzugrenzen und um Weibchen von sich zu überzeugen. Die Qualität der Stimme stellt für diese nämlich eines der wichtigsten Kriterien bei der Partnerwahl dar. Haben sich die Partner gefunden, verstummt der Gesang oft sehr abrupt, denn nun stehen Nestbau, Brutgeschäft und die Aufzucht der Küken im Vordergrund. Männchen, die keine Partnerin gefunden haben, singen hingegen oft über das gesamte Frühjahr hinweg. Außerhalb der Brutzeit verständigen sich Vögel durch kurze, einfach strukturierte Rufe, mit denen die Tiere eines Schwarms oder einer Familie in Kontakt bleiben oder vor Feinden warnen. Die Gesänge und Rufe sind bei jeder Vogelart anders, und mit etwas Übung lassen sich viele Arten nur anhand ihrer Stimme erkennen. Rufe sind allerdings deutlich schwerer zu erlernen, da sie nicht so markant sind wie Gesänge. Es gibt wenige Fähigkeiten, die so erfüllend sind, wie einen Vogel anhand seiner Stimme zu erkennen, und jeder kann es erlernen. Hierfür möchten wir Ihnen fünf Tipps für den Weg zum Vogelstimmenexperten mitgeben:

Im Frühjahr markieren die Männchen mit Gesang ihr Revier und buhlen um die Aufmerksamkeit von Weibchen, wie hier dieser Star.

1. **Fangen Sie früh im Jahr an, Vogelgesänge zu lernen.** Meisen und Kleiber beginnen bereits im Februar zu singen. Die Vielfalt der Gesänge ist dann noch überschaubar, und die Vögel sind in den noch unbelaubten Bäumen und Büschen leicht zu entdecken.

2. **Schauen Sie Vögeln beim Singen zu.** Der Gesang in Kombination mit dem Bild des Vogels und seinem Verhalten prägt sich besonders gut ein.

3. **Trainieren Sie Ihr Gehör.** Schließen Sie im Garten oder im Wald einfach mal für ein paar Minuten die Augen, und lauschen Sie nur den Vogelstimmen. Oft geht der Gesang der Vögel im Rauschen des Alltags unter, und dieser Schritt hilft uns, die Vogelstimmen bewusst wahrzunehmen.

Vor der Brutzeit tauscht die Lachmöwe die weißen Kopffedern des Schlichtkleids gegen die samtbraunen Federn des Prachtkleids.

4. Fangen Sie einfach und mit wenigen Arten an. Versuchen Sie doch einmal, die Gesänge von Kohl- und Blaumeise auseinanderzuhalten, oder prägen Sie sich die einfachen Gesangsstrophen von Ringeltaube, Buchfink und Zilpzalp ein.

5. Nutzen Sie Ihr Smartphone als Werkzeug. Mit der KOSMOS-Plus-App ist es möglich, sich die Stimmen von allen Vogelarten im Buch anzuhören. Wie das funktioniert, erfahren Sie auf der hinteren Umschlagklappe. Unbekannte Gesänge können Sie mit dem Smartphone aufnehmen und so vielleicht später bestimmen.

Die Mauser

Federn sind filigrane empfindliche Gebilde und nutzen sich schnell ab. Vögel müssen sie daher regelmäßig erneuern. Die alten abgenutzten Federn werden abgestoßen und neue wachsen nach – der Vogel mausert, wie die Ornithologen sagen. Die meisten Vögel mausern einmal im Jahr ihr ganzes Federkleid. Häufig wird ein Teil der Federn auch ein zweites Mal im Jahr gewechselt. Neben dem Austausch von beschädigten Federn schlüpfen sie mit der Mauser auch in ein neues, oft anders gefärbtes Federkleid. Für die Brutzeit im Frühjahr legen sie ein auffällig gefärbtes Prachtkleid an und mausern im Sommer nach der Brutzeit in ein unauffälliges Schlichtkleid, welches sie im Herbst und Winter besser tarnt. Jungvögel tragen in den ersten Monaten ein charakteristisches Jugendkleid, das sich oft sehr von dem der Altvögel unterscheidet. Der Federwechsel ist für die Vögel eine große Anstrengung. Nicht nur, weil die Produktion der Federn viel Energie braucht, auch die Flugfähigkeit und die Wärmeisolation sind während der Mauser eingeschränkt. Bei den meisten Vogelarten findet die Mauser im Sommer gegen Ende der Brutzeit statt, wenn Nahrung reichlich verfügbar ist und bevor sie die anstrengende Wanderung ins Winterquartier antreten.

Im Spätsommer sammeln sich Schwalben in großen Trupps, bevor sie die lange Reise ins Winterquartier antreten.

Achten Sie einmal darauf, wie sich die Färbung der Vögel zwischen Winter und Frühjahr verändert.

Zugvögel und Standvögel

Der Vogelzug ist ein eindrucksvolles Phänomen. Jeden Herbst brechen Abermillionen Vögel zu einer langen Wanderung von ihren nordischen Brutgebieten in das tropische Winterquartier auf. Sie fliegen tausende Kilometer, überqueren Hochgebirge, fliegen durch Unwetter, über Meere und die größte Wüste der Erde, bis sie in den warmen Tropen einen geeigneten Zufluchtsort während der kalten Jahreszeit gefunden haben. Im Frühjahr wiederholen sie ihre weite Reise in umgekehrter Richtung. Ausgehend von dem grundsätzlichen Konzept des Vogelzugs hat jede Vogelart ihre ganz eigene Strategie entwickelt – wann sie aufbricht, wann sie zurückkehrt, wie weit und schnell und zu welcher Tages-/Nachtzeit sie fliegt, allein oder in großen Gruppen. Bei vielen Arten haben die Brutvögel auch je nach Region sehr unterschiedliche Zugstrategien entwickelt. Während die Rauchschwalben, die in einem Kuhstall in Norddeutschland brüten, als ausgesprochene Zugvögel den Winter in der Feuchtsavanne Westafrikas verbringen, fliegen die Rauchschwalben in Ägypten standorttreu sommers wie winters über den Nil. Alle individuellen Unterschiede im Zugverhalten beiseitegelassen, kann man doch grob die Frühjahrsmonate März und April sowie die Herbstmonate September und Oktober als die herausstellen, in denen der Vogelzug am intensivsten und am besten erlebbar ist. Zu diesen Zeiten lohnt es sich besonders, mit dem Fernglas vor die Tür zu gehen, und täglich wird man neue Beobachtungen von Vögeln machen können, die man sonst nicht zu Gesicht bekommt, die einfach nur mal kurz vorbeiziehen. Das Phänomen des Vogelzugs bedeutet auch, dass Sie eine große Zahl von Vogelarten in diesem Buch im Winter nicht in Mitteleuropa antreffen werden und einige wenige Arten aus Nordeuropa wiederum nur im Winter. Achten Sie also bei der Bestimmung auf Hinweise zum Zugverhalten in den Artbeschreibungen. Das Gegenteil vom Zugvogel ist der Standvogel. Standvögel harren das ganze Jahr über in ihrem Revier aus. Sie nutzen das Nahrungsangebot, das dort zur Verfügung steht, und stellen es gegebenenfalls um. Standorttreu sind beispielsweise Steinkäuze, Grünspechte oder Kleiber. Einige Standvögel wie die Eichelhäher legen Nahrungsvorräte für den Winter an. Nur die Jungvögel gehen auch bei Standvögeln auf Wanderschaft. Wenn sie selbstständig geworden sind, siedeln sie sich in einiger Entfernung von den Eltern an. Gelegentlich packt aber auch Standvögel die Wanderlust, meist ausgelöst durch Nahrungsknappheit. Der Seidenschwanz, der in der Regel das ganze Jahr über in nordischen Nadelwäldern lebt, erscheint im Winter beispielsweise unregelmäßig in Mitteleuropa.

Die richtige Ausrüstung

Unentbehrlich für die Vogelbeobachtung ist ein Fernglas. Zum Glück findet man ein solches fast in jedem Haushalt. Auch alte schwere Feldstecher oder kleine Operngläser erfüllen für den Anfang ihren Zweck. Ansonsten sind Einsteigermodelle recht günstig im Fotofachhandel zu bekommen.
Alle Ferngläser werden mit zwei Zahlen und einem x dazwischen beschrieben, zum Beispiel 10 x 40. Die erste Zahl gibt die Vergrößerung an. Eine 10-fache Vergrößerung bedeutet, dass ein Vogel, der 100 m entfernt ist, durch das Fernglas so aussieht, als würde man ihn mit dem bloßen Auge aus 10 m Entfernung sehen.
Zu empfehlen sind Ferngläser mit 8- oder 10-facher Vergrößerung. Weniger reicht oft nicht aus, um die für die Bestimmung notwendigen Details zu erkennen, und mehr führt zu einem unruhigen Bild, da auch alle Zitterbewegungen der Hand entsprechend verstärkt werden. Die zweite Zahl gibt den Durchmesser der vorderen Öffnung des Fernglases in Millimetern an. Je größer diese Öffnung, umso mehr Licht gelangt ins Fernglas, und umso heller wird in der Theorie das Bild. In der Praxis ist dieser Effekt ab einem Durchmesser von 40 mm nicht weiter erkennbar, und spätestens bei über 50 mm wird die Konstruktion unhandlich und unbequem schwer. Ein Durchmesser von unter 30 mm wiederum führt zu einem störend dunklen Bild.
Ideal für die Vogelbeobachtung sind daher Ferngläser mit den Kennzeichnungen 10 x 40 oder 8 x 30 und einem Rad in der Mitte des Fernglases, mit dem die Schärfe eingestellt wird.
Neben einem Fernglas benötigen Sie für die Vogelbeobachtung nur noch ein Bestimmungsbuch, das Sie hier bereits in Händen halten, und gegebenenfalls ein Smartphone mit der KOSMOS-Plus-App. Und das reicht an Ausrüstung – ein Leben lang. ■

Vögel beobachten im Garten

In jedem Garten leben Vögel. Aber trotzdem nehmen die meisten Menschen Vögel im Alltag nicht bewusst wahr, zu stark ist das Rauschen der Umgebung. Der erste und wichtigste Schritt für die Vogelbeobachtung ist daher, mit dem Fernglas und diesem Bestimmungsbuch einmal bewusst in den Garten zu gehen, um Vögel zu beobachten. Behalten Sie beim Beobachten aber immer das Wohl der Vögel im Blick. Unbedingt sollten Sie es vermeiden, Vögel unnötig zu stören, insbesondere während der Brut brauchen sie viel Ruhe. Auch reagieren Vögel sehr empfindlich, wenn man ihre Gesänge mit einem Smartphone in der Natur laut abspielt und können dann sogar ihr Revier oder ihre Brut aufgeben. Mit diesen wichtigen ethischen Grundsätzen der Vogelbeobachtung vertraut, können Sie sich auf die spannende Reise in die Vogelwelt begeben.

Die beste Tageszeit
Die höchste Aktivität werden Sie in den frühen Morgenstunden erleben. Vögel sind Frühaufsteher und fallen am späten Vormittag in ein Mittagstief, das man auch beim Beobachten deutlich spürt, aber natürlich nicht bedeutet, dass es sich tagsüber gar nicht lohnt. Eine große Rolle für den Erfolg oder Misserfolg Ihres Ausflugs in die Vogelwelt spielt neben der Tageszeit das Wetter. Besonders störend für die Vogelbeobachtung ist kräftiger Wind. Vögel sind an windigen Tagen zwischen wankenden Ästen und schaukelnden Blättern deutlich schlechter zu entdecken und auch ihre Stimmen sind schlechter hörbar. Wenn Sie die Wahl haben, sollten Sie zumindest für den Einstieg einen möglichst windstillen Tag wählen.

Zur richtigen Zeit am richtigen Ort
Einen besonderen Reiz der Vogelbeobachtung machen die Jahreszeiten aus.

Blaumeisen lassen sich das ganze Jahr über im Garten beobachten.

Im Januar herrscht Hochbetrieb an den Futterstellen im Garten: Meisen, Spatzen, Finken, Kleiber und Buntspechte streiten sich dann um die besten Plätze. Der NABU veranstaltet alljährlich im Januar das Citizen Science Projekt „Stunde der Wintervögel", in dem Tausende Vogelbeobachter für eine Stunde die Vögel in ihren Gärten zählen, um wissenschaftliche Informationen zur Entwicklung der Vogelbestände zu erlangen. Gegen Ende des Monats lösen sich die im Herbst gebildeten Meisentrupps langsam auf, und die Männchen besetzen Reviere.
Im Februar ist an sonnigen, ruhigen Tagen bereits ein kleines Vogelkonzert zu hören, in das neben Blau- und Kohlmeisen auch Gartenbaumläufer, Kleiber und Misteldrosseln einstimmen. Erste Zugvögel streben Ende Februar zurück in ihre Brutgebiete, darunter die ersten Singdrosseln.
Im März intensiviert sich das Zuggeschehen, Zilpzalpe kehren Mitte des Monats aus dem Mittelmeerraum zurück und lassen ihren Gesang hören. Bei vielen Standvogelarten erreicht die Gesangsaktivität ein Maximum.
Im April beginnen viele typische Gartenvögel wie Blau- und Kohlmeisen oder Amseln mit der Eiablage, und ihre Gesänge verstummen zeitweise. Gleichzeitig kommen weitere Zugvögel, darunter Rauch- und Mehlschwalben, Gartenrotschwänze und Mönchsgrasmücken, aus dem Winterquartier zurück.

Der Zilpzalp singt ab März seinen Namen.

Im Mai schlüpfen bei den Meisen die Küken, und die Eltern füttern im Minutentakt. Einige Zugvögel wie Gartengrasmücken und Grauschnäpper kehren erst jetzt zurück an ihre Brutplätze.
Im Juni und Juli sind dann allerorts kleine Vogelfamilien zu beobachten, die nun nicht mehr ans Nest gebunden mit den flüggen Jungvögeln umherwandern. Im Juli nimmt der Vogelgesang bereits deutlich ab. Viele Vogelarten beginnen jetzt mit der Mauser und ziehen sich für diese Zeit zurück. Zusätzlich sind Vögel zu dieser Jahreszeit wegen der dichten Vegetation schwierig zu beobachten.
Im August ist die Brutzeit weitgehend vorbei und erste Zugvögel wie Mauersegler oder Gelbspötter machen sich bereits wieder auf die Reise in den Süden. Im September und Oktober erreicht der Vogelzug seinen Höhepunkt. Viele Arten verlassen uns bis zum nächsten Frühjahr, wohingegen Berg-

Ein naturnaher Garten bietet Insekten und Vögeln ein Zuhause.

finken und Rotdrosseln aus Skandinavien eintreffen, um den Winter in Mitteleuropa zu verbringen. Ende Oktober lohnt es sich dann auch wieder besonders, die Futterspender im Garten zu befüllen, an denen von nun an wieder viele Vögel zu beobachten sind. Ihre Beobachtungen über das Jahr sollten sie unbedingt notieren, zum Beispiel in Form von kleinen Einträgen mit Bleistift neben den Abbildungen im Buch oder auch digital. Der Dachverband Deutscher Avifaunisten, die Schweizer Vogelwarte Sempach und Birdlife Österreich betreiben unter *www.ornitho.de* beziehungsweise *www.ornitho.ch* und *www.ornitho.at* das Portal Ornitho, auf dem man sich einen persönlichen Zugang einrichten und dann am Computer oder mit einer App Beobachtungsdaten eintragen kann. Neben den eigenen Beobachtungen kann man so auch die von anderen Nutzern recherchieren und vieles über die Vogelwelt in der Umgebung erfahren. Aber Vorsicht: Vögel beobachten macht süchtig.

Ein Garten für Vögel

Mit einigen wenigen Tipps können Sie die Attraktivität Ihres Gartens für Vögel deutlich steigern und ihn zu einem beliebten Brut- und Rastplatz für viele Vogelarten in diesem Buch gestalten. Der wichtigste Tipp für einen vogelfreundlichen Garten ist am einfachsten umzusetzen: Verzichten Sie auf den Einsatz von Gift in Ihrem Garten, denn nichts anderes sind chemische Pflanzenschutzmittel. Fast alle Gar-

tenvögel sind auf ein reiches Angebot an Insekten als Nahrung angewiesen. Insbesondere für die Aufzucht der Küken müssen die Vogeleltern Unmengen der kleinen Krabbeltiere herbeischaffen, und auf diesem Weg sorgen sie auf ganz natürliche Weise und ohne Ihren Eingriff für eine ausgewogene Balance zwischen Insekten und Pflanzen. Ein einziges Blaumeisenpaar verfüttert an einem Tag etwa 500 Raupen.
Mit dem Anpflanzen von heimischen Sträuchern können Sie die Nahrungsgrundlage von Gartenvögeln zusätzlich verbessern. Gerade im Spätsommer und Herbst, wenn die Zahl der Insekten abnimmt, verlagern sich Amseln, Mönchsgrasmücken und viele andere Vogelarten auf pflanzliche Kost und fressen mit besonderer Vorliebe Holunder- und Brombeeren. Später im Jahr stellen auch die Früchte von Eberesche, Mehlbeere, Efeu und Hagebutten eine beliebte Nahrung von Drosseln und Finken dar. Mit Efeu und Wildem Wein kann man zudem Hauswände begrünen, die dann zusätzlich optimale Nistbedingungen für viele Freibrüter bieten. Zusätzlich können Sie die Attraktivität Ihres Gartens für Vögel enorm steigern, wenn Sie ein bisschen Mut zur Unordnung haben. Lassen Sie einen Teil des Rasens zu einer Blumenwiese hochwachsen, schichten Sie abgeschnittene Äste zu einem Reisighaufen, lassen Sie auf einer kleinen Fläche den Boden offen, damit Spatzen ein Sandbad nehmen können.

Nisthilfen für Gartenvögel
Gerade in Städten hilft es Vögeln sehr, wenn man sie mit künstlichen Nisthilfen beim Brutgeschäft unterstützt. Moderne Neubauten und frisch angelegte Gärten bieten viel weniger Unterschlupfmöglichkeiten als ein alter Laubwald oder ein Bauernhof auf dem Land. Nistkästen können daher einen aktiven Beitrag zum Artenschutz leisten. Klassisch und allgemein bekannt ist der Meisenkasten, der je nach Größe des Einfluglochs gerne von Kohl- bzw. Blaumeisen bezogen wird, aber auch Haus- und Feldsperlingen sowie regional Trauerschnäppern als Bruthöhle dienen kann. Beim sogenannten Halbhöhlenkasten hat man auf der Vorderseite nur ein Brett bis zur halben Kastenhöhe gezogen. Diese Kästen werden gerne von Haus- und Gartenrotschwänzen, Grauschnäppern und Rotkehlchen angenommen. Meisen- und Halbhöhlenkästen gibt es in allen denkbaren Formen und Farben, und sie lassen sich gut als Gemeinschaftsprojekt mit Kindern bauen. Die Kästen sollten mindestens zwei Meter hoch angebracht werden, sodass sie für Katzen nicht erreichbar sind. Das Einflugloch sollte möglichst von der Wetterseite abgewandt sein und der Kasten nicht den ganzen Tag in der prallen Sonne hängen, damit die Bewohner nicht überhitzen.
Aber nicht nur Meisen profitieren von Nistkästen. Viele weitere Arten können Sie mithilfe von speziell für ihre Bedürfnisse entwickelten Nisthilfen

unterstützen. Mauersegler nehmen längliche Nistkästen aus Beton mit flachem Einflugloch an, die man unter dem Dachvorstand oder frei an der Hauswand anbringt. Einbaukästen können bei Neubauten direkt in die Fassade eingemauert werden. Die Standorte dürfen nicht der prallen Sonne ausgesetzt sein, da sie sich sonst im Sommer so stark erhitzen, dass die Küken sterben würden. Allerdings kann es lange dauern bis Mauersegler die Kästen entdecken, wenn sie nicht direkt an einem traditionellen Brutplatz angebracht sind. Durch das Abspielen spezieller Rufe können die Vögel auf die neuen Nistmöglichkeiten aufmerksam gemacht werden und beziehen die Kästen dann vielleicht eher. Ansonsten nehmen auch Haussperlinge sie gerne als Zwischenmieter an. Sie werden von den kräftigeren Mauerseglern jedoch rigoros vertrieben, sobald sie selbst dort brüten wollen.

Rauch- und Mehlschwalben kleben Nester aus Hunderten Lehmklumpen an Hauswände. Früher fanden sie ihr Baumaterial mühelos in der Dorfstraße. Wer Schwalben in der Nachbarschaft hat, kann ihnen die Suche nach Baumaterial mit einer künstlich angelegten Lehmpfütze erleichtern. Beide Arten nehmen auch gerne spezielle Nisthilfen an, die für Mehlschwalben außen im Winkel zwischen Wand und Dachvorstand angebracht und für Rauchschwalben auch in Schuppen oder Garagen mit ständigen Öffnungen platziert werden

Nistkästen kann man leicht selbst bauen. Einflugöffnungen für Blaumeisen (links) sind etwas kleiner (26 mm) als für Kohlmeisen (Mitte, 32 mm). Hochovale, größere Einfluglöcher eignen sich unter anderem für Gartenrotschwänze (rechts).

können. Die Nisthilfen für Mehlschwalben nehmen auch oft Haussperlinge an.
Weit nach der Brutzeit im Herbst (ab Oktober) sollte man die Kästen einmal jährlich säubern. Im Nistmaterial verbergen sich allerlei Parasiten, die den Vogeleltern und Küken im kommenden Jahr das Leben erschweren würden. Sie sollten die Kästen daher öffnen und mit einer Bürste säubern. Starke Verschmutzung kann man mit Leitungswasser ohne Zusätze von Reinigungsmitteln und einem Schwamm abwaschen. Beschädigte Kästen müssen unbedingt ausgetauscht oder repariert werden.

Vögel füttern das ganze Jahr

Große Naturschutzvereine wie der NABU oder die Britische Royal Society for the Protection of Birds sprechen sich mittlerweile für Vogelfütterung über das ganze Jahr aus, wenn sie richtig gemacht wird. Neben der Unterstützung der Vögel schafft sie auch einen einzigartigen Kontakt zwischen Menschen und Vögeln, die sich hier besonders nahe kommen. Gerade Kinder können durch Vogelfütterung die Vogelwelt im heimischen Garten aus der Nähe erleben.
Hierbei gibt es jedoch einiges zu beachten. Besonders wichtig ist der richtige Standort für die Fütterung. Er sollte den Vögeln einerseits eine gute Sicht ermöglichen, um Feinde wie Katze oder Sperber rechtzeitig wahrnehmen zu können und andererseits in der Nähe von geeigneter Deckung

Beim Aufhängen von Meisenknödeln können Sie auch selbst kreativ werden.

wie Hecken oder Büschen liegen. So können sie sich unauffällig nähern und schnell zurückziehen. Futterstellen am Boden wie beispielsweise ausgestreutes Futter sollten Sie vermeiden, da sie Ratten anlocken und die Vögel am Boden eine leichte Beute für Katzen sind. Außerdem können solche Futterstellen kaum gereinigt werden.
Das Futter bietet man am besten in hängenden Futterspendern an. Zahlreiche Modelle sind mittlerweile in Gartencentern und Baumärkten erhältlich, und spezielle Anbieter finden Sie im Serviceteil. Hängende Futterspender sind einerseits weitgehend katzensicher und lassen sich andererseits besonders gut sauber halten.
Auf Meisenknödel in Plastiknetzen sollten Sie verzichten, da Vögel sich mit ihrer Zunge oder den Füßen im Netz verfangen können. Stattdessen lassen sich lose Meisenknödel in speziellen Futtersäulen aufhängen.

Bei der Auswahl des Futters gibt es viele Mischungen im Angebot. Günstiges Futter aus dem Baumarkt enthält oft einen hohen Anteil an Weizenkörnern, die von vielen Vogelarten, nicht aber von Haussperlingen, gemieden werden. Sehr beliebt sind hingegen fettreiche Sonnenblumenkerne und Erdnüsse. Stieglitze lassen sich mit speziellem Futter, das unter dem Handelsnamen Niger-Samen erhältlich ist, anlocken, und Rotkehlchen nehmen besonders gerne Futter mit beigemengten getrockneten Mehlwürmern an. Verzichten Sie hingegen unbedingt auf das Verfüttern von Rosinen, da diese für Hunde und Katzen sehr giftig sind, und von Essensresten sowie Brot, da das enthaltene Salz die Nieren von Vögeln schädigt. Während der Brutzeit sollten Sie auf ganze Erdnüsse als Vogelfutter verzichten, weil Küken an diesen ersticken können, wenn sie von den Eltern damit gefüttert werden.
Neben dem Futter sollten Sie im Sommer und besonders auch im Winter eine flache Schale mit Wasser zur Verfügung stellen, die nicht nur zum Trinken, sondern gerne auch als kleine Badewanne aufgesucht wird. Es ist von äußerster Wichtigkeit, dass Sie die Futterstellen stets sauber halten und Futterreste regelmäßig entfernen, damit sich dort keine Krankheitserreger sammeln können. Insbesondere verschmutzte Tränken sind eine Gefahr für Vögel und beispielsweise für das in letzter Zeit beobachtete Grünfinkensterben verantwortlich.

Gefahren für Gartenvögel
Viele Vögel suchen durchaus die Nähe der Menschen, weil sie ihnen Schutz bietet und häufig auch gute Nahrungsmöglichkeiten. Städte sind im Vergleich zu einer strukturlosen intensiv landwirtschaftlich genutzten Ackerflur regelrechte Hotspots der Artenvielfalt. Die größte Gefahr für Gartenvögel sind Hauskatzen mit Freilauf. Sie sind von Natur aus perfekte Vogeljäger und lassen sich diesen Jagdinstinkt nicht abtrainieren. Vogelarten, die ihre Nahrung am Boden suchen wie Amseln, Rotkehlchen oder Zaunkönige, sind in ständiger Gefahr, von einer Hauskatze getötet zu werden. Hierzu sollte man sich bewusst machen, dass Wildkatzen als Einzelgänger ein mehrere Quadratkilometer großes Revier durchwandern, während in Dörfern häufig mehrere Katzen täglich durch einen Garten streifen und die Gefahr für Singvögel somit ungleich größer ist. Der Jagderfolg einer Katze lässt sich deutlich verringern, indem man ihr ein kleines Glöckchen an einem Halsband umbindet, das Vögel rechtzeitig warnt. Es kann auch sinnvoll sein, den kleinen Jäger während der Brutzeit im April und Mai nur im Haus zu halten, zumindest in den kritischsten Phasen der Morgen- oder Abenddämmerung.
Viele Vögel sterben zudem jedes Jahr durch Anflüge an Glasscheiben. Zwei Effekte führen zu diesen tödlichen Kollisionen: Vögel sehen auf der anderen Seite der Glasfläche einen Baum oder Strauch und wollen dort-

hin fliegen oder Spiegelungen der Umgebung täuschen dem Vogel einen geeigneten Lebensraum hinter der Glasfläche vor. Besonders gefährlich sind großflächig verglaste Wintergärten, Balkonbrüstungen oder Windschutzwände aus Glas sowie stark spiegelnde Glasfassaden. Einfache Fenster in der Hauswand sind wenig problematisch. Falls Sie an Ihrem Haus eine der oben beschriebenen Gefahrensituationen erkennen, können Sie versuchen, die unmittelbare Umgebung möglichst unattraktiv für Vögel zu gestalten und insbesondere keine Büsche dort zu pflanzen oder bestehende Vegetation zu entfernen. Nistkästen oder Futterspender sollten Sie ebenfalls in sicherer Entfernung platzieren. Die vielfach eingesetzten schwarzen Greifvogelsilhouetten als Aufkleber können das Problem leider nicht lösen, da Vögel diese Silhouetten nicht als Feinde wahrnehmen, lediglich ein kleines Stück ausweichen und neben dem Aufkleber kollidieren. Hingegen können helle Vorhänge oder in engem Abstand von 10 cm aufgeklebte Folienstreifen aus dem Fachhandel Abhilfe schaffen.
Sollte doch einmal ein Vogel kollidieren und benommen ohne Fluchtverhalten am Boden sitzen, so können Sie ihn in einem Karton mit Luftlöchern für eine Stunde an einen dunklen Ort und danach im Freien auf den Boden setzen. Meist wird der Vogel dann sofort wegfliegen. Falls er das nicht tut, sollten Sie den Patienten an eine lokale, anerkannte Pflegestation für Wildvögel übergeben. ■

Vogeltränken ergänzen einen Garten für Vögel wunderbar. Zahlreiche Vogelarten wie hier die Amsel nutzen sie auch als Badestelle.

75 Vögel

Graugans 001

ANSER ANSER

Graugänse sind sehr gesellig und äsen als reine Vegetarier in oft großen Scharen auf ufernahen Wiesen oder Feldern die Spitzen von Gräsern und Getreide ab.

Graugänse fliegen in charakteristischer V-Formation und sparen dabei durch geschicktes Ausnutzen der Luftverwirbelung ihrer Nachbarn viel Energie. Aber die Formation ermöglicht auch eine optimale Kommunikation im Schwarm und hilft, Kollisionen zu vermeiden. Vor dem Landen löst sich die Formation auf und wechselt in einen reißenden, taumelnden Flug, als würden die Gänse abstürzen. Dies ist oft abends beim Einflug an den Schlafgewässern zu beobachten oder in der Mittagszeit, wenn Gewässer zum Trinken und Baden aufgesucht werden. ■

Stockente 002

ANAS PLATYRHYNCHOS

Auf jedem Dorfteich schwimmen Stockenten. Farbvarianten in allen Schattierungen von fast schwarzen bis weißen Enten gehen auf Einkreuzungen von gezüchteten Hausenten zurück.

Männchen tragen die meiste Zeit des Jahres ein buntes Prachtkleid. Nur im Sommer, bevor sie alle ihre Schwungfedern auf einmal erneuern und etwa einen Monat flugunfähig sind, mausern sie sich und bekommen ein tarnendes Schlichtkleid. Am gelben Schnabel sind sie auch zu dieser Zeit von den Weibchen unterscheidbar. Die Weibchen, die alleine brüten und die Küken führen, können sich ein solch auffälliges Gefieder nicht erlauben. Sie wechseln ihre Schwungfedern etwas später als die Männchen, bevor die Küken flügge werden. ■

Nilgans

003

ALOPOCHEN AEGYPTIACA

Von Parkvögeln abstammend haben Nilgänse in den letzten 50 Jahren ganz Mitteleuropa besiedelt und gehören mittlerweile besonders in Städten zu den häufigsten Wasservögeln.

Nilgänse bauen ihre Nester bevorzugt in luftiger Höhe in Bäumen oder in Baumhöhlen. Dort benutzen sie die Nester anderer Arten als Unterlage. Auf Inseln brüten sie aber auch am Boden, oder sie finden in Erdhöhlen geeignete Brutplätze, die sie aggressiv verteidigen. Die Brutzeit ist sehr variabel und erstreckt sich vom Frühjahr bis in den Herbst. Selbst im Winter werden Bruten beobachtet, was vielleicht noch ihrem alten Brutrhythmus in den Herkunftsgebieten in Afrika entspricht. ■

Jagdfasan

004

PHASIANUS COLCHICUS

Jagdfasane wurden vielleicht schon zu Römerzeiten aus ihrer ursprünglichen Heimat in Asien nach Europa gebracht und leben hier besonders in tief gelegenen, wintermilden Regionen.

blau schillernder Kopf und rote Maske, heller Schnabel, oft mit weißem Halsring

Weibchen: beiges Gefieder mit schwarzem Fleckenmuster, lange, spitze Schwanzfedern, gut getarnt

Männchen: 85 cm lang, sehr langer, gebänderter Schwanz

In ihrem natürlichen Verbreitungsgebiet vom Schwarzen Meer bis China werden nicht weniger als 30 Unterarten des Jagdfasans unterschieden. In Mitteleuropa entstand daraus eine bunte Mischung verschiedenster Unterarten und Kreuzungen. Am auffälligsten ist die Variation bei den Männchen, die oft den auffälligen weißen Halsring der westlichsten Unterart *colchicus* zeigen. Immer noch werden von Jägern in vielen Regionen alljährlich gezüchtete Fasane ausgesetzt. ■

Graureiher

005

ARDEA CINEREA

Graureiher lauern lange Zeit regungslos an Gewässern, um dann plötzlich nach einem Fisch oder Frosch zu stoßen. Aber auch auf Wiesen und Feldern kann man sie bei der Jagd auf Wühlmäuse beobachten.

eingezogener Hals, schwarze Flügel und hellgrauer Rücken, Beine überragen Schwanz

Jungvogel: ohne Schmuckfedern, verwaschen grau gezeichnet

95 cm lang, gelber Schnabel, schwarze Schmuckfedern

heller Hals mit schwarzen Streifen

lange, schmutzig gelbe Beine

Graureiher brüten gesellig in teils großen Kolonien in den Wipfeln von Nadel- oder Laubbäumen, gerne am Waldrand oder in Feldgehölzen. Solche Kolonien bestehen bei entsprechendem Schutz über sehr lange Zeit, häufig sind sie bereits in alten Karten verzeichnet oder als lokale Ortsnamen überliefert. Die Kolonien können weit vom nächsten Gewässer entfernt liegen, und besonders in den Morgen- und Abendstunden ist ein stetiger An- und Abflug zu beobachten. ■

Weißstorch 006

CICONIA CICONIA

Als einer unserer bekanntesten Frühlingsboten kehren Weißstörche im Februar und März zurück zu ihren großen Nestern auf den Giebeln von Hausdächern, auf Bäumen oder Telegrafenmasten.

Die Männchen kehren etwas vor den Weibchen aus dem Winterquartier zurück und begrüßen das Weibchen bei der Ankunft mit zurückgeworfenem Hals und lautem Schnabelklappern. Eine Zeremonie, die das Paar über die ganze Brutzeit bei jedem Wechsel am Nest fortführt. Weißstörche haben ein abwechslungsreiches Nahrungsspektrum, das keinesfalls nur aus Fröschen besteht. Vielmehr sind Regenwürmer, Heuschrecken und Mäuse die wichtigste Beute, aber auch Aas, Abfälle und Fische werden nicht verschmäht. ■

Mäusebussard 007

BUTEO BUTEO

Mäusebussarde sind ein vertrautes Bild an Straßenrändern. Stundenlang sitzen sie regungslos auf Zaunpfählen und spähen im kurz gemähten Gras nach Mäusen.

Im Frühjahr vollführen Mäusebussarde über ihrem Brutrevier einen spektakulären Balzflug. Die Partner kreisen gemeinsam über dem Revier und steigen in der Thermik in die Höhe. Plötzlich stürzen sie mit zusammengelegten Flügeln senkrecht Richtung Boden, um den Sturzflug bald aufzufangen und in einer steilen U-Kurve wieder in die Höhe zu schießen, bis sie am Scheitelpunkt zum nächsten Sturzflug übergehen – oft begleitet von hohen, katzenartig miauenden Rufen. ■

Rotmilan 008

MILVUS MILVUS

Häufig streifen Rotmilane in wendigem Jagdflug niedrig über Felder und Wiesen, den tief gekerbten Schwanz breit gespreizt geschickt für die eleganten Flugmanöver nutzend.

Rotmilane gehören zu den wenigen Vögeln, deren weltweite Verbreitung auf Mitteleuropa konzentriert ist. Alleine Deutschland beherbergt etwa die Hälfte des weltweiten Brutbestands, woraus auch eine besondere Verantwortung für den Schutz dieses eleganten Greifvogels erwächst. Zunehmend stehen Rotmilane im Fokus des Naturschutzes, da sie zu den häufigsten Kollisionsopfern an Windenergieanlagen gehören und dadurch zu einem regelrechten Politikum geworden sind. ■

Sperber 009

ACCIPITER NISUS

Mit ihren breiten, kurzen Flügeln und den langen Schwanzfedern fliegen Sperber auf der Jagd nach Singvögeln mühelos und wendig durchs Unterholz.

Sperber nutzen Hecken und Zäune als Deckung und fliegen kurze Strecken nach Drosselart wellenförmig mit zeitweise angelegten Flügeln. So überraschen sie ihre Beute, die sie mit den langen scharfen Krallen oft aus der Luft fangen. Vögel, die einen Sperber erspähen, warnen ihre Umgebung mit Rufen, die auch von anderen Vogelarten als Warnung verstanden werden, woraufhin augenblicklich alle Gesänge verstummen. Amseln unterscheiden bei ihren Warnrufen sogar zwischen Luft- und Bodenfeinden. Sperbermännchen wiegen nur etwa halb so viel wie Weibchen – für Greif-

Männchen: 31 cm lang, orange Brust, graublauer Rücken und Kopf, langer, gebänderter Schwanz

Weibchen: 38 cm lang, deutlich größer als Männchen, weißer Streifen über Auge, Bauch quer gebändert

Größenunterschied auch bei Jungvögeln, braun gescheckte Oberseite, Bauch braun mit groben Bändern

vögel nicht ungewöhnlich, aber beim Sperber extrem ausgeprägt. Dies hat vermutlich mit ihrer Brutbiologie zu tun. Schon zwei Wochen vor der Eiablage versorgt das Männchen das Weibchen mit Futter, was sich über die gesamte Brutzeit fortsetzt. Auch die Jungen werden während der ersten Wochen ausschließlich vom Männchen mit Futter versorgt, während das Weibchen die Küken wärmt und das Nest verteidigt. ■

Turmfalke 010

FALCO TINNUNCULUS

Minutenlang können Turmfalken mit flatternden Flügelschlägen und breit gefächertem Schwanz an einem Punkt in der Luft stehen. Allein an diesem Verhalten kann man sie sicher bestimmen.

langer Schwanz mit dunkler Endbinde, flattert oft auf der Stelle

Die besondere Jagdtechnik erlaubt es Turmfalken auch, in offener Landschaft ohne Ansitzwarte nach ihrer Hauptnahrung nämlich Mäusen, zu jagen. Mit speziellen Sinneszellen in den Augen können sie das UV-Licht sehen, das von Mäuseurin reflektiert wird und bewohnte Mäuselöcher verrät. Zeigt sich eine Maus am Eingang, so stürzt der Falke senkrecht zu Boden und greift diese mit seinen scharfen Krallen. ■

Teichhuhn 011

GALLINULA CHLOROPUS

Teichhühner bewohnen eine Vielzahl unterschiedlicher Gewässertypen, aber immer mit ausgeprägtem Pflanzenwuchs an den Ufern. Selbst in größeren Gartenteichen können sie leben.

Mit ihren sehr großen, grünen Füßen bewegen sie sich etwas unbeholfen durch ihren amphibischen Lebensraum. Bestens geeignet sind die langen Zehen zum Klettern im Röhricht oder um über die Blätter von Seerosen zu balancieren. Beim Schwimmen müssen sie hingegen unter schnellem Kopfnicken und mit zuckenden Schwanzfedern ordentlich strampeln, da die Zehen nicht durch Schwimmhäute verbunden sind. Beim Laufen an Land werden die Beine mit jedem Schritt auffällig hochgehoben. ■

Lachmöwe 012

CHROICOCEPHALUS RIDIBUNDUS

Die häufigsten Möwen Mitteleuropas erneuern zweimal jährlich ihre Federn am Kopf und wechseln so zwischen der braunen Kappe zur Brutzeit und dem weißen Kopf mit schwarzem Ohrfleck.

Lachmöwen sind vielseitig in der Nahrungssuche, was sie so erfolgreich macht. Auf Wiesen trippeln sie mit den Füßen auf dem Boden und locken damit Regenwürmer an die Oberfläche. An heißen Sommertagen jagen sie in der Luft schwärmende Ameisen, am Stadtparksee lassen sie sich mit Brot füttern, an Fischerbooten lauern sie auf den Beifang, und auf dem Wasser picken sie Insekten von der Oberfläche oder stoßen nach kleinen Fischen. ■

Straßentaube 013

COLUMBA LIVIA F. DOMESTICA

Völlig unbeeindruckt von ihrer Umgebung suchen Straßentauben auf Fußwegen zwischen Passanten nach Brotkrümeln, Pommes und anderen Essensresten.

Straßentauben gehören zu den ältesten Haustieren, was durch 5.000 Jahre alte ägyptische Hieroglyphen belegt ist. Lange vor Hühnern versorgten sie die Menschen mit Eiern und Fleisch. Über die Jahrtausende haben sich die Haustiere teilweise emanzipiert und leben jetzt als unsere Nachbarn besonders in Großstädten, deren Betonfassaden sie womöglich an ihren ursprünglichen Lebensraum, die Felsklippen, erinnern. ■

Ringeltaube 014

COLUMBA PALUMBUS

Ringeltauben sind die häufigsten Nicht-Singvögel in Mitteleuropa. Fast überall bauen die großen Tauben mit dem weißen Halsfleck ihre spärlichen Nester in Bäume und Büsche.

Ringeltauben ernähren sich ausschließlich vegetarisch, besonders Kleeblätter fressen sie gerne. Das Erfolgsmodell der Säugetiere haben Tauben unabhängig von diesen ein zweites Mal in etwas abgewandelter Form entwickelt: Taubenküken werden mit einer milchigen Flüssigkeit gefüttert, die bei beiden Eltern im Kropf gebildet wird und die Küken schnell heranwachsen lässt. Auch Flamingos und einige Pinguinarten füttern so ihren Nachwuchs.

Ihre Nester sind oft so dünn gebaut, dass die weißen Eier von unten sichtbar sind. Männchen und Weibchen wechseln sich bei der Brut ab, wobei sie sich jeweils nachmittags ablösen. Die Weibchen brüten nachts, die Männchen tagsüber. ■

wellenförmiger Balzflug

Türkentaube 015

STREPTOPELIA DECAOCTO

In Mitteleuropa leben Türkentauben in enger Nachbarschaft des Menschen, in Dörfern und Stadtrandsiedlungen sind sie ein vertrauter Anblick. Gerne kommen die kleinen Tauben auch an Futterhäuschen.

In den 1930er-Jahren begannen Türkentauben, ihr Brutgebiet, das im Westen bis in den europäischen Teil der Türkei und nach Griechenland reichte, zu erweitern. Jungvögel siedelten sich tendenziell nordwestlich ihres Schlupforts an, und so breiteten sie sich Stück für Stück aus, bis in den 1960er-Jahren auch Mitteleuropa besiedelt wurde. Den Sprung über den Atlantik schafften sie mithilfe des Menschen. Auf den Bahamas entwich Anfang der 1970er-Jahre ein kleiner Trupp bei einem Überfall auf ein Zoogeschäft. Von dort ausgehend wurde der gesamte nordamerikanische Kontinent bis zur Pazifikküste und nach Alaska besiedelt. ■

Steinkauz 016

ATHENE NOCTUA

Steinkäuze bewohnen extensiv genutzte Kulturlandschaften mit Streuobstwiesen, Kopfweiden und Grünland, gerne auch an Dorfrändern, in wintermilden Regionen.

Die Nahrung der Steinkäuze ist recht vielseitig und besteht neben Mäusen auch aus Singvögeln, Eidechsen und Fröschen. Besonders während der Aufzucht der Küken beinhaltet sie auch nennenswerte Anteile an Käfern, Heuschrecken und Regenwürmern. In schneereichen Wintern kommt es unter den kleinen Eulen zu hohen Verlusten, da sie ihre Nahrung nicht erreichen können. In den milden Regionen am Niederrhein und im Münsterland sind sie noch recht verbreitet, andernorts sind sie sehr selten geworden und müssen durch Naturschutzmaßnahmen, besonders durch spezielle Nistkästen, unterstützt werden. ■

Schleiereule 017

TYTO ALBA

Meist brüten Schleiereulen in unmittelbarer Nachbarschaft oder sogar als Untermieter des Menschen: in Kirchtürmen, Scheunen oder auf Dachböden. Gerne nehmen sie spezielle Nistkästen an.

Schleiereulen finden ihre Hauptnahrung Mäuse mit ihrem sehr feinen Gehör auch in tiefdunkler Nacht. Der markante, namensgebende, herzförmige Gesichtsschleier wirkt wie ein Trichter und leitet den Schall an die im Gefieder versteckten Öffnungen der Ohren, die links und rechts etwas asymmetrisch in der Höhe versetzt liegen. Das ermöglicht ihre beeindruckende Fähigkeit zum präzisen Richtungshören. Sogar unter einer Schneedecke verborgene Mäuse können sie allein über das Gehör orten und fangen. ■

Waldohreule 018

ASIO OTUS

Waldohreulen bauen keine eigenen Nester, sondern brüten als Nachmieter in alten Krähen- oder Greifvogelnestern, die sie aggressiv auch gegen Menschen verteidigen.

Die Federn der Eulen sind sehr weich und ihre Ränder gefranst, im Flug dämpft dies die Geräusche der Flügelschläge. In niedrigem, lautlosem Flug oder von einer Ansitzwarte werden Mäuse am Boden überrascht und im Ganzen verschlungen. Die unverdaulichen Knochen und das Fell würgt die Eule als längliche Ballen wieder hervor. Unter den Tagesschlafplätzen sammeln sich diese Gewölle in großer Zahl. ■

Mauersegler 019

APUS APUS

Trupps von Mauerseglern, die in reißendem Flug und mit schrillen Rufen über den Himmel schießen, gehören im Sommer zum Stadtbild.

Mauersegler verbringen fast ihr ganzes Leben im Flug. Nur zum Brüten landen sie an hohen Gebäuden, wo sie unter locker sitzenden Dachpfannen oder Fassadenverkleidungen ihre Nester bauen. Alles andere findet in der Luft statt, sogar der Schlaf, während dem sich die Gehirnhälften abwechselnd abschalten. Zum Trinken fliegen sie ganz knapp über die Wasseroberfläche, um mit dem Schnabel zu schöpfen. Ihre Nahrung sind Insekten, die sie mit den kurzen, aber breiten Schnäbeln, die durch Borsten zu einem kleinen Kescher erweitert sind, aus der Luft fischen. ■

Halsbandsittich

020

PSITTACULA KRAMERI

Ende der 1960er-Jahre tauchten die ersten Halsbandsittiche im Rheinland und am Oberrhein auf und sind dort in vielen Städten heimisch geworden.

Halsbandsittiche sind sehr gesellig. Häufig sieht man kleine Trupps kreischend umherfliegen. Im Winter bilden sie große Schlafgemeinschaften mit Hunderten von Vögeln, die oft über viele Jahre dieselben Schlafbäume nutzen. Besonders gerne sitzen Halsbandsittiche in alten Platanen, in denen sie Höhlen für die Brut finden. In der belaubten Baumkrone sind die grünen Vögel kaum zu entdecken. Sie ernähren sich überwiegend vegetarisch und besuchen auch Futterhäuschen. ■

Buntspecht

021

DENDROCOPOS MAJOR

Männchen markieren im Frühjahr durch einen kurzen Trommelwirbel auf einem trockenen Ast ihr Revier. Zum Ärger mancher Hausbesitzer muss dazu manchmal auch ein Stück Wandverkleidung herhalten.

Mit ihren kräftigen Füßen und abgestützt durch die stabilen Schwanzfedern klettern Buntspechte mühelos auch an glatten Baumstämmen empor. Ihre Nahrung ist vielseitig und sowohl tierisch als auch pflanzlich. Sie zerhacken morsches Holz mit dem kräftigen Schnabel, um an die Larven von holzbewohnenden Käfern zu gelangen, die sie mit ihrer langen klebrigen Zunge aus den Bohrgängen ziehen. Zapfen von Fichten und Tannen klemmen sie in einer Astgabel, einer sogenannten Spechtschmiede, fest und hacken die Samen frei. Häufig sind sie auch an Futterstellen zu Gast,

wenn fettreiches Futter wie Meisenknödel angeboten wird. Die Bruthöhle zimmert der Specht mit dem Schnabel in einen Baumstamm. Die Nasenlöcher sind durch Borsten vor den umherfliegenden Holzsplittern und das Gehirn durch eine Art Stoßdämpfer an der Schnabelwurzel vor zu starken Erschütterungen geschützt. Die Spechthöhlen werden über Jahre von unzähligen anderen Tierarten als Nachmieter genutzt. ■

Grünspecht

022

PICUS VIRIDIS

Der lachende Ruf des Grünspechts ist häufig zu hören, doch der farbenfrohe Vogel ist scheu und selten zu sehen. Meistens entdeckt man ihn erst, wenn er davonfliegt, wobei der grüne Bürzel charakteristisch ist.

Grünspechte sind selten beim Klopfen an Holz zu beobachten. Die meiste Zeit verbringen sie am Boden, wo sie sich hüpfend fortbewegen und nach Ameisennestern suchen. Mit ihrer langen, klebrigen Zunge holen sie die Eier und Puppen aus den engsten Ritzen im Boden. Im Sommer fressen sie überwiegend Wegameisen der Gattung *Lasius* und im Winter Waldameisen der Gattung *Formica*. In geringem Umfang stehen auch andere Insekten und Früchte auf dem Speiseplan. ■

Eichelhäher 023

GARRULUS GLANDARIUS

Eichelhäher sind aufmerksame und scheue Bewohner von Laub- und Mischwäldern. Häufig wird man durch ihre lauten, rätschenden Rufe auf sie aufmerksam.

Eichelhäher verstecken im Herbst Eicheln, Haselnüsse und Bucheckern als Vorrat für den Winter. Im Flug transportieren sie bis zu zwölf Eicheln gleichzeitig in Kropf und Schnabel über längere Strecken zu einem Depot. Mit dem Schnabel bohren sie kleine Löcher in den Boden, in denen sie die Nüsse einzeln verstecken. Einen Teil der Eicheln finden sie allerdings nicht wieder und pflanzen so neue Bäume. Sie werden daher auch Gärtner des Waldes genannt. ■

Elster 024

PICA PICA

Elstern bauen ihre großen, kugelförmigen Nester in hohe Bäume. Ihre Nahrung suchen sie jedoch überwiegend am Boden, gerne auf Rasenflächen. In Dörfern und Städten finden sie perfekte Lebensbedingungen.

Entgegen dem Volksglauben konnte in Versuchen nicht festgestellt werden, dass Elstern von glänzenden Objekten wie Schmuck und Münzen angezogen werden. Vielmehr überwiegt die Vorsicht gegenüber Unbekanntem. Dass diese Vögel ausgesprochen intelligent sind, belegen jedoch zahlreiche Experimente. So sind sie sogar in der Lage, ihr Spiegelbild als solches zu erkennen. Sie versuchten im Experiment, Farbmarkierungen an ihrem Gefieder, die nur im Spiegel sichtbar waren, mit Schnabel oder Krallen zu entfernen.

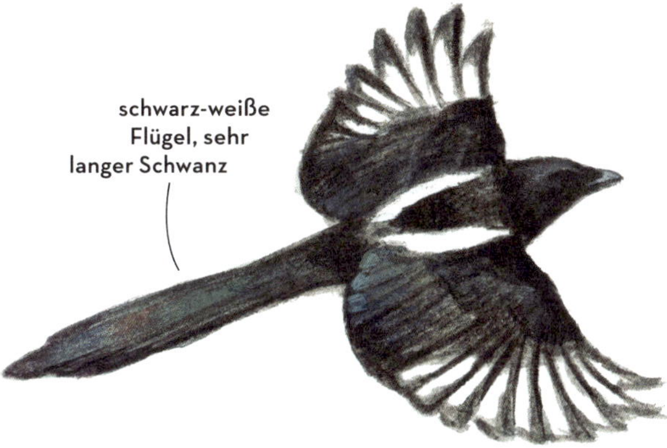

Elstern plündern im Frühjahr häufig die Nester von anderen Singvogelarten und sind daher bei vielen Gartenbesitzern unbeliebt. Besonders die Nester von Freibrütern wie Amseln, Rotkehlchen oder Grünfinken sind gefährdet. Diese warnen bei Anwesenheit einer Elster in ihrem Revier lautstark vor dem Eindringling und attackieren ihn heftig. Die Verluste von Eiern oder Küken gleichen sie durch mehrere Bruten im Jahr jedoch leicht aus und die Sorge, Elstern könnten die Bestände von anderen Singvögeln gefährden, ist unbegründet. ■

Saatkrähe 025

CORVUS FRUGILEGUS

In den Wipfeln von Laubbäumen brüten Saatkrähen in weithin hörbaren Kolonien aus oft mehreren hundert Paaren, in denen stets ein reges Treiben herrscht.

Die Nester haben eine unordentliche, kugelige Form. Für den Nestbau werden gerne ein paar Zweige vom Nachbarnest geklaut, während die Bewohner gerade unterwegs sind. Häufig bleibt in der Bauphase daher ein Partner am Nest, um den Rohbau zu bewachen. Die Suche nach Nahrung erfolgt in weitem Umkreis um die Kolonie auf Wiesen und Feldern, sie besteht etwa zu gleichen Teilen aus tierischer und pflanzlicher Kost. Die Beute wird im Kehlsack zurück zu den Küken geflogen, der bei zurückkehrenden Vögeln deutlich als Schwellung der Kehle erkennbar ist. ■

Dohle 026

COLOEUS MONEDULA

Dohlen bewohnen naturnahe Wälder mit einem reichen Angebot an Baumhöhlen, aber auch Dörfer und Städte, in denen sie in Mauernischen und Kaminen ihre Nester anlegen.

Das ganze Jahr über sind Dohlen fast immer paarweise unterwegs. Selbst in großen Schwärmen bleiben die Partner meist nah beieinander und sind leicht als solche zu erkennen. Die Paarbindung kann ein Leben lang halten, und diese Vögel werden teilweise über 19 Jahre alt. Gestärkt wird sie unter anderem durch gegenseitige Gefiederpflege und Fütterung des Partners. Dies ist eine gute Übung für die Brutzeit, in der nur das Weibchen brütet und währenddessen vom Männchen mit Nahrung versorgt wird. ■

Raben- und Nebelkrähe 027

CORVUS CORONE UND CORVUS CORNIX

Durch Mitteleuropa verläuft eine unsichtbare Grenze – westlich davon leben die komplett schwarzen Rabenkrähen, östlich die in Gestalt und Verhalten identischen, aber teils hellgrau befiederten Nebelkrähen.

Die zunächst unerklärliche Verbreitung der beiden nah verwandten Arten geht auf die Eiszeiten zurück, in denen Mitteleuropa eine baumlose Tundra war. Die Urform beider Arten hatte sich in mehrere getrennte Refugien mit milderem Klima zurückgezogen, in denen sich die beiden heutigen Arten entwickelten. Nach Abklingen der Eiszeiten breiteten sich diese wieder aus, und ihre Verbreitungsgebiete berührten sich bald wieder. Doch waren sie in der Zwischenzeit so verschieden geworden, dass die Artgrenze bestehen blieb und in Deutschland etwa mit der Grenze zwischen alten und neuen Bundesländern zusammenfällt. In der Kontaktzone, wo beide Arten aufeinandertreffen, brüten gelegentlich gemischte Paare aus Raben- und Nebelkrähen. Ihr Nachwuchs ist schwarz-grau gescheckt. Neben diesen vererbten Farbvariationen sind bei Jungvögeln häufig weiße Felder in den Flügeln sichtbar, die wohl durch Nahrungsmangel während der Nestlingszeit entstehen und besonders häufig in Städten auftreten. Die Küken haben durch den Nahrungsmangel nicht genug Energie, um den schwarzen Farbstoff für die Federn herzustellen. ■

Kohlmeise 028

PARUS MAJOR

Kohlmeisen gehören zu den häufigsten Vögeln in Mitteleuropa, insbesondere in Gärten. Sie nehmen sehr gerne Nistkästen an und besuchen Futterhäuschen.

Nistkästen werden von Kohlmeisen auch im Winter als Schlafhöhlen genutzt. Bei Temperaturen unter dem Gefrierpunkt sparen sie dabei 10 % Energie gegenüber dem Übernachten im Freien. Sie bevorzugen Nistkästen, die im Herbst gesäubert wurden und wenig Parasiten beherbergen. Jeder Vogel beansprucht dabei einen eigenen Nistkasten. Es ist daher immer sinnvoll, mehrere Kästen aufzuhängen, denn auch in der Brutzeit übernachtet das nicht brütende Männchen gerne in einer separaten Höhle. Das Weibchen polstert den Boden mit Moos und feinem trockenem Gras aus und drückt eine Nistmulde hinein, die mit Wolle, Haaren und feinen Pflanzenfasern extra ausgekleidet wird. Auch das Ausbrüten der bis zu zwölf Eier übernimmt das Weibchen alleine, das während dieser zwei Wochen vom Männchen gefüttert wird. ■

Blaumeise 029

CYANISTES CAERULEUS

Blaumeisen können auch in den dünnen äußersten Zweigen von Bäumen auf Nahrungssuche gehen, oft kopfüber hängend mit den kurzen, kräftigen Füßen festgekrallt.

Blaumeisen sind kleiner und schlanker als Kohlmeisen, und in Nistkästen mit einem Einflugloch von 26 mm Durchmesser müssen sie keine Konkurrenz von diesen fürchten. Der Ausbau der Nisthöhle und das Brüten sind meisentypisch einzig Aufgabe des Weibchens, das sich für Menschen am Gefieder nicht vom Männchen unterscheiden lässt. Blaumeisen können jedoch UV-Licht sehen und erkennen Männchen an der intensiven UV-Reflektion der blauen Kopfkappe. An der Aufzucht der Küken beteiligen sich dann beide

Partner und tragen vor allem Schmetterlingsraupen herbei. Blaumeisen beginnen ihre Brutzeit exakt so, dass die Küken kurz vor der maximalen Verfügbarkeit an Raupen Anfang Mai schlüpfen. Etwas früher im Jahr sind die Raupen noch zu klein und später verpuppt und versteckt. Durch den Klimawandel und die in der Folge immer frühere Entwicklung der Raupen gerät dieser fein ausbalancierte Zeitplan allerdings immer weiter aus dem Takt – mit Konsequenzen für den Bruterfolg der Meisen. Nach dem Ausfliegen bleibt die Familie noch 2–3 Wochen zusammen. Danach schreiten die Eltern gelegentlich, aber seltener als die Kohlmeise, ein zweites Mal zur Brut. ■

Haubenmeise 030

LOPHOPHANES CRISTATUS

Haubenmeisen leben in Fichten- und Kiefernwäldern, die sie nur selten verlassen. Allerdings werden im Winter Futterhäuschen am Waldrand aufgesucht.

Die namengebende spitze Federhaube ist meist aufgestellt, kann aber auch angelegt werden. Bei Jungvögeln ist sie etwas kürzer. Haubenmeisen legen Nahrungsdepots für den Winter an. Im Sommer verstecken sie Wirbellose und im Herbst die Samen von Bäumen. Die Samen verstecken die Meisen einzeln, meist zwischen Flechten oder unter Zweigen, selten am Stamm von Bäumen. So können sie das ganze Jahr über in ihrem Revier verweilen. ■

Tannenmeise 031

PERIPARUS ATER

Tannenmeisen müssten eigentlich Fichtenmeisen heißen, denn sie sind charakteristische Bewohner von Fichtenwäldern, reine Laubwälder werden gemieden.

Die kleinen Meisen turnen in den äußersten Zweigen von Fichten, mit den kräftigen Krallen der Mittelzehe und der verlängerten Hinterkralle haben sie einen festen Halt. Häufig picken sie auch Nahrung im Flug auf, indem sie flatternd auf der Stelle fliegen. Im Sommer werden besonders Raupen, kleine Insekten und Spinnen von den Nadeln abgesammelt. Im Winter fressen sie auch die ölhaltigen Samen von Fichtenzapfen und besuchen regelmäßig Futterhäuschen. ■

Sumpfmeise 032

POECILE PALUSTRIS

Anders als der Name vermuten lässt, bewohnen Sumpfmeisen besonders ältere Laubwälder und Parks sowie Gärten mit altem Baumbestand, aber keine Sümpfe.

Sumpfmeisen sind sehr treu, sowohl gegenüber ihrem Partner – bis zu vier Jahre sind nachgewiesen – als auch ihrem Revier, das sie das ganze Jahr über bewohnen und das daher auch deutlich größer ist als bei anderen Meisenarten. Sie nutzen eher selten Nistkästen oder Spechthöhlen für die Brut, sondern suchen meist eine morsche Stelle an einem Astloch und hacken mit ihrem Schnabel nach Spechtart selber eine Höhle. ■

Weidenmeise 033

POECILE MONTANUS

Die Weidenmeise ist die Zwillingsart der Sumpfmeise und ebenfalls überall in Deutschland verbreitet, aber viel seltener in Gärten zu Gast.

Wie die Sumpfmeise zimmert sie ihre Bruthöhle selbst und ist ganzjährig sehr standorttreu. Ihre bevorzugten Lebensräume sind Auwälder und alte Nadelwälder der Mittelgebirge, wo sie viele weiche Holzarten wie Weiden oder Pappeln findet oder ein hoher Anteil an morschem Holz besteht. Anhand des Gefieders ist die Weidenmeise nur mit viel Übung von der Sumpfmeise unterscheidbar, aber ihre Rufe sind sehr charakteristisch und unterscheiden sich deutlich. Meist wird man durch das nasale *Däh-däh-däh* auf die kleine Meise aufmerksam, wohingegen die Sumpfmeise scharf *pitschä* ruft. ■

Schwanzmeise

034

AEGITHALOS CAUDATUS

Im Winter sind Schwanzmeisen stets in kleinen Trupps unterwegs, unter ständigen Kontaktrufen ziehen diese durch die Landschaft und fliegen von Busch zu Busch.

Schwanzmeisen bauen hoch in Bäumen kunstvolle kugelförmige Nester aus Moos und Spinnweben, die außen oft mit Flechten beklebt sind und innen mit teilweise über 1.000 feinen Federn ausgepolstert werden. Die Nisthöhle ist jedoch recht klein, sodass die langen Schwanzfedern der Weibchen während der Brutphase verbiegen, was noch eine Weile danach sichtbar ist. Neben den Partnern helfen häufig noch weitere Vögel, meist Verwandte des Brutpaares, bei der Aufzucht der Küken. ■

Mehlschwalbe 035

DELICHON URBICUM

Mehlschwalben kleben ihre halbrunden Lehmnester außen an Gebäude in den Winkel zwischen Hauswand und Dachüberstand. Ursprünglich bauten sie ihre Nester an Felsen – in Form einer kompletten Halbkugel.

Das Baumaterial für ihre Nester suchen Mehlschwalben am Rand von Pfützen. Bis zu 1.500 Lehmklümpchen werden für ein Nest verbaut, was etwa zehn Tage in Anspruch nimmt. Gerne beziehen sie aber auch Nester aus dem Vorjahr und bessern dabei lediglich die beschädigten Stellen aus. Fast immer brüten Mehlschwalben in teilweise großen Kolonien, in denen Nachbarn ihre Nester wie Reihenhäuser direkt aneinanderbauen. ■

Rauchschwalbe 036

HIRUNDO RUSTICA

Rauchschwalben legen ihre schüsselförmigen Nester in Viehställen, Garagen und Gartenschuppen an. Sie bevorzugen dunkle, geschützte Räume, ein kleines Einflugloch genügt ihnen.

Die bekannten Frühlingsboten kehren Anfang April zurück an ihre Brutplätze, die Männchen einige Tage früher als die Weibchen. Sie sind im direkten Vergleich an ihren etwas längeren Schwanzspießen zu erkennen, die bei der Partnerwahl eine bedeutende Rolle spielen. Männchen mit besonders langen und vor allem symmetrischen Schwanzspießen sind am begehrtesten. Sie beginnen mit ihren Partnern die Brut etwas früher als ihre kurzschwänzigeren Konkurrenten,

sodass sie besonders häufig noch ein zweites oder sogar drittes Mal brüten können. Nach der Brutzeit, bevor sie gen Süden ziehen, sammeln sich Rauchschwalben allabendlich an gemeinsamen Schlafplätzen in Schilfbeständen, was im Mittelalter zum Glauben führte, sie würden den Winter schlafend im Schlamm überdauern. Dabei lässt sich ihr Zugverhalten besonders gut beobachten, sie ziehen im Gegensatz zu vielen anderen Singvogelarten nämlich ausschließlich tagsüber. Das Winterquartier liegt südlich der Sahara und reicht bis in die Kapprovinz in Südafrika. ■

Zilpzalp 037

PHYLLOSCOPUS COLLYBITA

Überall wo höhere Bäume wachsen, in Wäldern sowie in Gärten oder Parks, erklingt nach der Rückkehr aus dem Winterquartier im März der namengebende Gesang der Zilpzalpe.

Der einfache Gesang des Zilpzalps ist das beste Unterscheidungsmerkmal vom ähnlichen Fitis. Er ist so einprägsam, dass er in vielen Sprachen umschrieben als Name dient: englisch *Chiffchaff*, niederländisch *Tjiftjaf*, kurdisch *Çirçire*, finnisch *Tiltaltti*. Gelegentlich geraten die Vögel aus dem Rhythmus und stottern *Zilp-zilp-zalp-zalp*. Einige sehr ähnliche Formen in Spanien, auf den Kanaren und im Kaukasus werden nach neuesten Erkenntnissen als eigene Arten betrachtet, besonders auch wegen der abweichenden Gesänge.

Das Weibchen baut das Nest in Bodennähe gut versteckt zwischen Gräsern oder niedrig im Gestrüpp, immer überdacht und mit einem seitlichen, ovalen Eingang, innen dick ausgepolstert mit Federn und anderem weichen Material. Es brütet alleine auf den 4–6 weißen Eiern mit braunen Punkten. Nach zwei Wochen Brutzeit schlüpfen die Küken, und zumindest in den ersten Tagen glänzt das Männchen auch nun überwiegend mit Abwesenheit. Stattdessen verbringt es viel Zeit damit, ein möglichst großes Revier zu verteidigen und eventuell noch ein zweites Weibchen zur Brut darin zu bewegen. ■

Gelbspötter 038

HIPPOLAIS ICTERINA

Gelbspötter bewohnen parkartige Landschaften mit einem Wechsel aus Gebüschen und einzelnen hohen Bäumen, wie beispielsweise alte Gärten, Streuobstwiesen oder Auwälder.

In ihren abwechslungsreichen Gesang aus nasalen Tönen flechten sie täuschend echte Imitationen anderer Vogelarten ein, was zur Bezeichnung Spötter führte. Der Gesang wird meist aus der Krone von Laubbäumen oder Büschen vorgetragen. Ihre Nester bauen sie ebenfalls hoch in Bäumen oder Büschen. In optimalen Lebensräumen können Reviere sehr eng benachbart liegen. Gelbspötter sind ausgeprägte Zugvögel und kehren erst spät – Anfang Mai – ins Brutgebiet zurück. ■

Gartengrasmücke 039

SYLVIA BORIN

Gartengrasmücken bevorzugen dichte Gebüsche als ihren Lebensraum. Anders als der Name vermuten lässt, sind sie in Gärten eher selten.

Gartengrasmücken kehren erst nach dem Laubaustrieb Anfang Mai aus ihrem Winterquartier im tropischen Afrika zurück – die Männchen einige Tage früher als die Weibchen. Sie beginnen sofort nach der Ankunft zu singen und ein Revier abzugrenzen, in dem sie mehrere provisorische Nester zur Auswahl für die Weibchen bauen – häufig zwischen Brennnesseln oder Brombeeren. Das Weibchen wählt den bevorzugten Standort, und beide Partner stellen den Rohbau gemeinsam fertig. ■

Mönchsgrasmücke 040

SYLVIA ATRICAPILLA

In schattigen Wäldern, Gebüschen und größeren Gärten ist ab Mitte März der melancholisch flötende Gesang der Mönchsgrasmücken zu hören.

Das Zugverhalten von Mönchsgrasmücken reicht je nach Brutgebiet von ausgeprägten Standvögeln auf Madeira und den Azoren über Kurzstreckenzieher in Mitteleuropa bis zu ausgeprägten Zugvögeln in Skandinavien. Forscher konnten durch die Kreuzung von Vögeln unterschiedlicher Populationen mit unterschiedlichem Zugverhalten nachweisen, dass sowohl Zugrichtung als auch -strecke genetisch festgelegt sind und an den Nachwuchs vererbt werden.

Man konnte sogar beobachten, wie sich das Zugverhalten in kurzer Zeit ändern kann. Ursprünglich zogen Mönchsgrasmücken aus den Brutgebieten in Mitteleuropa zum Überwintern ans Mittelmeer. Doch einige Vögel begannen stattdessen nach Westen zu ziehen und in Großbritannien zu überwintern. Diese Vögel kamen wegen der kürzeren Strecke früher zurück ins Brutgebiet, besetzten die besten Reviere und bekamen mehr Nachwuchs. So etablierte sich der neue Zugweg schnell. Die Überwinterungsbedingungen in Großbritannien waren wohl auch deshalb so günstig, weil dort so viele Menschen Vögel im Garten füttern. ■

Klappergrasmücke 041

SYLVIA CURRUCA

Klappergrasmücken sind häufige Brutvögel in Gärten. Sie haben eine besondere Vorliebe für dichte Hecken mit dornigen Sträuchern, aber auch an Waldrändern und im Gebirge an der Baumgrenze kommen sie vor.

Die charakteristische kurze, klappernde Gesangsstrophe brachte ihr den Beinamen Müllerchen ein. Nur für eine kurze Zeit im Frühjahr ist der Gesang der Männchen zu hören. Sobald sie verpaart sind, verstummen sie und sind dann sehr unauffällig. Das Nest wird niedrig in die Vegetation gebaut und die bis zu acht Eier von beiden Eltern bebrütet, nachts allerdings ausschließlich vom Weibchen. Nach zwölf Tagen schlüpfen die Küken und verlassen nach weiteren zwölf Tagen das Nest, werden aber noch einige Wochen von den Altvögeln betreut. ■

Wintergoldhähnchen 042

REGULUS REGULUS

Mit einer Länge von 9 cm und einem Gewicht von nur 6 g sind Wintergoldhähnchen die kleinsten Vögel Europas. Auch im Winter harren sie in Mitteleuropa aus.

Der Gesang des Wintergoldhähnchens besteht aus so hohen Tönen, dass er von vielen älteren Menschen nicht mehr gehört werden kann. Beim Singen stellt das Männchen die gelben Federn am Scheitel auf und präsentiert das darunterliegende leuchtend orange Gefieder, das dem Weibchen fehlt. Die winzigen Vögel müssen ständig nach Nahrung suchen und sind daher immer in Bewegung. Sie bevorzugen Fichtenwälder als Lebensraum. ■

Sommergoldhähnchen 043

REGULUS IGNICAPILLUS

Das Sommergoldhähnchen ist weniger eng an das Vorkommen von Fichten gebunden als seine Zwillingsart – das Wintergoldhähnchen – und brütet auch in Gärten mit einzelnen Nadelbäumen.

Das kunstvolle kugelförmige Nest wird nur vom Weibchen, meist in den herabhängenden Zweigen einer Fichte, gewoben. Die äußere Hülle des Nestes wird aus Moos, Flechten und Spinnweben gebaut und ist dadurch hervorragend getarnt. Das Innere wird mit Hunderten kleinen Federn ausgepolstert. Drei Wochen benötigt das Weibchen für den Bau, und es bebrütet die bis zu zehn Eier allein, wobei es vom Männchen mit Futter versorgt wird. Nach zwei Wochen Brutzeit schlüpfen die Küken und bleiben dann weitere drei Wochen im Nest, bis sie ausfliegen. Eine ungewöhnlich lange Zeit für eine kleine Singvogelart. Der aufwendige Nestbau lohnt sich also. ■

Gartenbaumläufer 044

CERTHIA BRACHYDACTYLA

Wie Spechte klammern sich Gartenbaumläufer an Baumstämme, gestützt von den steifen Schwanzfedern. Mit ihrem langen, dünnen Schnabel stochern sie in der Borke nach Insekten und Spinnen.

Gartenbaumläufer sind meisterhafte Kletterer. In kleinen Sprüngen hüpfen sie spiralförmig Baumstämme hinauf. In der Krone angekommen, fliegen sie hinab zum Fuß des nächsten Baums und wiederholen den Aufstieg. Im Laufe eines Tages können sie wie ein trainierter Bergsteiger so einige Tausend Höhenmeter zurücklegen. Im Winter sammeln sich Gartenbaumläufer an gemeinsamen Schlafplätzen mit teilweise über 20 Tieren und verbringen eng aneinandergekuschelt die kalte Nacht. ■

Kleiber 045

SITTA EUROPAEA

Mit ihren kräftigen Beinen und Füßen können Kleiber kopfabwärts Baumstämme hinabklettern oder sich an den Unterseiten von waagerechten Ästen festkrallen.

Kleiber beziehen als Nachmieter alte Spechthöhlen, ausgefaulte Baumlöcher oder Nistkästen. Die Öffnung der Höhle wird mit Lehm auf die richtige Größe zugemauert. Auch scharfe Kanten in der Höhle werden zugeklebt und der Eingang bei Beschädigungen auch während der weiteren Brutzeit immer wieder ausgebessert. Die Höhle wird mit Blättern und Baumrinde ausgelegt, an denen der Kleiber auch nach der Brutzeit als Bewohner zu erkennen ist.

Das Weibchen brütet alleine auf den meist 6–7 Eiern. Die Brutzeit mit 15–18 und die Nestlingszeit mit 23–26 Tagen sind vergleichsweise lang. Dafür sind die Jungvögel dann voll flugfähig und können bereits gut klettern. Trotzdem bleibt die Familie noch weitere zwei Wochen zusammen. Im Herbst legen Kleiber Vorräte für den Winter an. Samen werden in Spalten im Holz versteckt und mit Moos oder Flechten abgedeckt. So können sie auch lange Winter in ihrem Revier überstehen. Sie besuchen während dieser Zeit auch gerne Futterstellen in Gärten und treten dort gegenüber anderen Arten oft sehr dominant auf. ■

Star 046

STURNUS VULGARIS

Im Gegensatz zur oberflächlich ähnlichen Amsel bewegen sich Stare am Boden laufend in schnellen, trippelnden Schritten vorwärts, den spitzen Schnabel zu Boden gerichtet.

Mit ihrem Schnabel stoßen sie kleine Löcher in den Boden und erweitern das Loch, indem sie den Schnabel öffnen und sich dabei um den Einstich drehen. So finden sie die Larven von Wiesenschnaken und anderen Insekten. Doch Stare sind sehr anpassungsfähig in der Nahrungssuche. Im Spätsommer, wenn sie sich in großen Schwärmen sammeln, fressen sie Beeren und Obst, im Hochsommer im Flug schwärmende Ameisen, und auch an Futterhäuschen erscheinen sie gelegentlich. Nisthöhlen sind bei Staren immer umkämpft. Weibchen, die keine finden, versuchen auf anderem Wege zu Nachwuchs zu kommen und legen nach Kuckucksart einzelne Eier in die Nester von Artgenossen. Es ist nicht ganz klar, ob sie dabei gleichzeitig zur Tarnung ein Ei aus dem Gelege entfernen oder ob die Bewohner der Nisthöhle das „Kuckucksei" entfernen. Wird im Frühjahr jedenfalls ein einzelnes intaktes blaues Ei auf dem Rasen gefunden, kann man davon ausgehen, dass es von einem Star stammt. ■

Zaunkönig 047

TROGLODYTES TROGLODYTES

Mausartig schlüpft die drittkleinste europäische Vogelart durch das Unterholz auf der Jagd nach Spinnen, kleinen Asseln und Insekten.

Zaunkönige gehören zu unseren häufigsten Gartenbewohnern, obwohl sie von Menschen ganz unabhängig sind, selten Nisthilfen annehmen und auch an Futterstellen kaum zu Gast sind. Die Männchen bauen in ihrem Revier mehrere kugelförmige Nester mit kleinem, seitlichen Einschlupfloch in die Vegetation. Die Weibchen suchen sich darunter ihr bevorzugtes Nest aus. Eifrige Baumeister mit vielen Nestern können auch mehrere Weibchen zur Brut in ihr

Revier locken. Unermüdlich wird es mit einer für den kleinen Vogel erstaunlich lauten Gesangsstrophe beworben und gegen andere Männchen verteidigt. Der Zaunkönig ist der einzige Vertreter der gleichnamigen Vogelfamilie der Zaunkönige in Europa, von der es in Nord- und Südamerika nicht weniger als 85 verschiedene Arten gibt. Die größte davon erreicht die Größe einer Singdrossel. Als während der Eiszeiten eine Landbrücke zwischen Alaska und Asien bestand, schaffte unser Zaunkönig den Sprung auf den anderen Kontinent und breitete sich über ganz Asien bis nach Europa und Nordafrika aus. ■

Seidenschwanz 048

BOMBYCILLA GARRULUS

Ohne Scheu vor Menschen sitzen die starengroßen, bunten Seidenschwänze im Winter gesellig in Ebereschen, Mehlbeeren oder anderen Beeren tragenden Bäumen und Büschen.

Sie erscheinen jedoch nicht in jedem Winter in Mitteleuropa. Die unregelmäßigen Invasionen von Seidenschwänzen südlich der Brutgebiete haben Menschen seit jeher fasziniert. Vermutlich werden sie durch hohen Bruterfolg und Nahrungsmangel im Brutgebiet in den Nadelwäldern der Taiga ausgelöst. Im Mittelalter galt ihr Erscheinen als böses Omen, was sich noch im niederländischen Namen Pestvogel wiederfindet oder im schweizer Namen Sterbevögeli. ■

Rotdrossel

049

TURDUS ILIACUS

In gewaltiger Zahl brechen Rotdrosseln mit den kürzer werdenden Herbsttagen aus ihren Brutgebieten in den Birken- und Nadelwäldern der Taiga in Richtung Winterquartier auf.

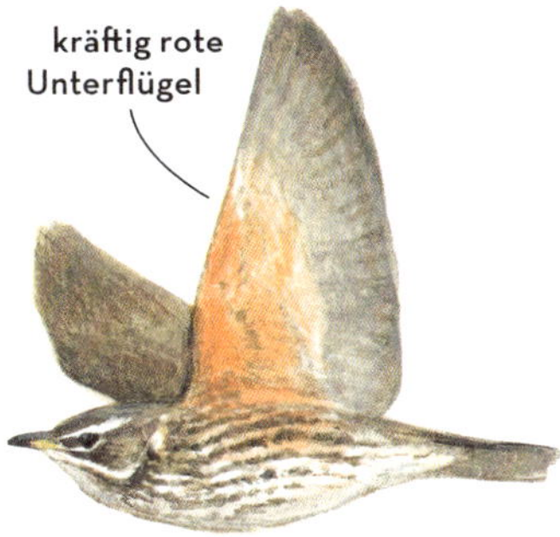

Um die Monatswende September/Oktober erreichen Rotdrosseln Mitteleuropa und stürzen sich auf das reiche Angebot an Beeren, beispielsweise von Eberesche, Mehlbeere und Weißdorn. Sie erscheinen dann häufig auch in Gärten, sind jedoch scheu, und häufig wird man sie nur als hektisch davonfliegende kleine Drossel wahrnehmen und dabei ihren charakteristischen Ruf, ein hohes *Ziiihhh*, hören. Dieser Flugruf ist in klaren Herbstnächten und auch häufig nachts im Frühling im März und April von ziehenden Vögeln zu hören. ■

Amsel, Schwarzdrossel 050

TURDUS MERULA

In fast jedem Garten leben Amseln. In kleinen Sprüngen hüpfen sie über den Rasen und erbeuten geschickt Regenwürmer, die sie aus dem Boden ziehen.

Die einst scheuen Waldbewohner haben sich auf bemerkenswerte Weise an das Leben in der Umgebung des Menschen angepasst. Stadtamseln verhalten sich anders als ihre Artgenossen auf dem Land. Am auffälligsten ist ihre Arglosigkeit gegenüber Menschen. Sie erweisen sich auch als deutlich stressresistenter, da sie weniger der entsprechenden Hormone ausschütten. Ihr Gesang ist deutlich höher und lauter als der von Waldamseln und hebt sich vom tiefen Verkehrslärm ab. Nestbau und erste Brut beginnen früher, und sie können so über die Saison hinweg mehr Bruten großziehen. Amselküken verlassen das Nest relativ früh mit nicht ausgewachsenen Schwanz- und Flügelfedern und sind dann oft noch nicht flugfähig. Sie verstecken sich am Boden und machen ihre Eltern nur gelegentlich durch Bettelrufe auf sich aufmerksam. Viele der hilflosen Jungvögel werden in dieser kritischen Lebensphase Opfer von Hauskatzen. Die lauten tscheckernden Warnrufe der Eltern können daran nichts ändern. ■

Singdrossel 051

TURDUS PHILOMELOS

Von hohen Warten lassen Singdrosseln in der Morgen- und Abenddämmerung ihre vielfältigen Gesangsstrophen erklingen, in denen sie die einzelnen variablen Elemente stets dreimal wiederholen.

Singdrosseln erbeuten oft Schnirkelschnecken, die sich zum Schutz sofort in ihr Gehäuse zurückziehen. Doch die geschickten Drosseln tragen sie zu geeigneten Steinen, zerbrechen das Schneckengehäuse mit kräftigen Schlägen gegen den Stein und gelangen so an das Fleisch. Im Umfeld von besonders geeigneten Steinen, den sogenannten Drosselschmieden, können sich große Mengen von zerschlagenen Schneckenhäusern ansammeln.

Schnecken scheinen allerdings keineswegs die bevorzugte Nahrung für Singdrosseln zu sein, vielmehr weichen sie bei ungünstiger Ernährungssituation darauf aus. Im Frühjahr stehen wie bei Amseln Regenwürmer ganz oben auf der Speisekarte, und während der Jungenaufzucht im Mai und Juni sind Raupen eine bedeutende Beute. Im Spätsommer und Herbst ernähren sich Singdrosseln überwiegend vegetarisch und fressen die Beeren von Eberesche, Weißdorn, Holunder und vielen anderen Sträuchern. Im Spätherbst verlassen die meisten Singdrosseln Deutschland in Richtung Mittelmeer und kehren im Februar zurück. ■

Wacholderdrossel

052

TURDUS PILARIS

Wacholderdrosseln brüten gesellig in lockeren Kolonien. Nur die unmittelbare Nestumgebung wird als Revier abgegrenzt und der krächzend unmelodische Gesang nur von verpaarten Männchen vorgetragen.

Die Vögel einer Kolonie verteidigen die Nester aggressiv gegen potenzielle Feinde wie Krähen, Eichhörnchen und sogar Menschen. Die Eindringlinge werden gezielt angeflogen und dabei kurz vor dem Ausfliegen der Jungvögel auch mit Kot bespritzt. Trotzdem suchen Wacholderdrosseln in Skandinavien ihre Brutplätze teilweise auch ganz gezielt in der Nachbarschaft von Falkennestern. Die Falken schlagen in der unmittelbaren Umgebung ihres Nestes keine Vögel und halten außerdem Nebelkrähen fern, die potenzielle Feinde der Wacholderdrosseln sind. ■

Misteldrossel 053

TURDUS VISCIVORUS

Unsere größte heimische Drossel baut ihre Nester hoch in den Astgabeln von Nadel- oder Laubbäumen, sucht aber ihre Nahrung am Boden auf Wiesen und Feldern.

Im Herbst und Winter sind Früchte und Beeren die wichtigste Nahrung der Misteldrosseln und dadurch sind sie dann auch in Gärten zu Gast. Besonders Mistelbeeren stehen hoch im Kurs, und Bäume mit reichem Mistelbefall werden als Nahrungsrevier aggressiv gegen Artgenossen und andere Vögel verteidigt. Der wissenschaftliche Artname *viscivorus* bedeutet wörtlich Mistel fressend. Die Beeren werden als klebriger Kot ausgeschieden, der als Faden am Vogel herabhängt. Um ihn loszuwerden, reibt die Drossel ihren Hintern an einem Ast und verbreitet so die Misteln. ■

Grauschnäpper

054

MUSCICAPA STRIATA

Grauschnäpper sind häufige Gartenbewohner, aber bleiben oft unbemerkt, weil sie unscheinbar gefärbt sind, leise singen und erst nach dem Laubaustrieb aus dem Winterquartier zurückkehren.

Von Ansitzwarten aus beobachten Grauschnäpper ihre Umgebung und stürzen sich auf kleine fliegende Insekten. In wendigem Flug und mit einem aus der Nähe hörbaren Klappen des breiten Schnabels schnappen sie die Beute aus der Luft. Als Nahrungsspezialisten sind sie besonders vom Insektensterben betroffen. Bei der Wahl des Neststandorts sind sie kreativ und nutzen auch ungewöhnliche Orte wie die Halterung einer Satellitenschüssel oder eine Lampe an der Hauswand als Nestuntersatz. Gerne nehmen sie auch Nistkästen für Halbhöhlenbrüter an. ■

Trauerschnäpper

055

FICEDULA HYPOLEUCA

Ständig in Bewegung sitzen sie mit zuckenden Flügeln und Schwanzwippen in Baumkronen und fangen in kurzem wendigen Flug gezielt Insekten aus der Luft.

Trauerschnäpper brüten als Nachmieter in alten Spechthöhlen, nehmen aber auch gerne Nistkästen an. Wenn sie im April aus ihrem Winterquartier zurückkehren, sind gerade in jüngeren Wäldern die meisten geeigneten Brutplätze bereits von Meisen besetzt. Eine gezielte Schutzmaßnahme für diese Art ist es daher, Nistkästen erst Mitte April in potenziellen Brutgebieten auszubringen. ■

Rotkehlchen 056

ERITHACUS RUBECULA

Rotkehlchen sind ein vertrauter Anblick in Gärten und zeigen oft wenig Scheu vor Menschen. Sie hüpfen in kleinen Sprüngen über den Boden und suchen nach Insekten, Spinnen und Asseln.

Im Herbst nach der Brutzeit beginnen Rotkehlchen wieder zu singen und ein Winterrevier abzugrenzen. Auch Weibchen singen zu dieser Jahreszeit und besetzen ein Revier. An Futterhäuschen sind Rotkehlchen im Winter häufige Gäste und stellen ihre Ernährung teilweise auf pflanzliche Kost, besonders auf Beeren, um. Am liebsten sind ihnen an Futterstellen allerdings getrocknete Mehlwürmer. Im Frühling nimmt bei den Männchen die Gesangsaktivität stark zu, und sie verteidigen ihr Revier aggressiv. Reicht der Gesang nicht aus, um einen Rivalen auf Abstand zu halten, wird er schonungslos angegriffen. Solche Kämpfe führen nicht selten zum Tod eines der Kontrahenten. Wissenschaftler gehen davon aus, dass 10 Prozent aller Todesfälle bei Rotkehlchen-Männchen auf Revierkämpfe zurückgehen. ■

Hausrotschwanz

057

PHOENICURUS OCHRUROS

Ehemals waren Hausrotschwänze Bewohner von Gebirgen und Felslandschaften, heute haben sie in Städten und Dörfern eine neue Heimat gefunden. Häuser dienen ihnen als Ersatzfelsen.

Hausrotschwänze sind Frühaufsteher und beginnen in der Morgendämmerung als eine der ersten Arten zu singen. Die quietschend gepressten Töne werden besonders von hohen Warten auf Hausdächern vorgetragen. Einjährige Männchen entwickeln häufig noch kein Prachtkleid und sehen aus wie Weibchen, singen aber und brüten häufig auch, allerdings in weniger beliebten Revieren und mit deutlich geringerem Bruterfolg als mehrjährige. In ihrem ursprüngli-

orangeroter Schwanz mit dunklen, mittleren Federn

chen Lebensraum verstecken Hausrotschwänze ihre Nester in Felsspalten oder zwischen Geröll. In Dörfern und Städten müssen Mauerritzen, lose Dachziegel oder Fahrradschuppen herhalten. Auch halboffene Nistkästen oder Hausbegrünung werden gerne genutzt. Da sie ihre Nester oft in unmittelbarer Nachbarschaft des Menschen anlegen, kann man häufig die charakteristischen Warnrufe *zi-tek-tek-tek-tek* hören, während der Hausrotschwanz aufgeregt einknickst und mit dem roten Schwanz wippt. Wenn ab Anfang Mai die Jungvögel ausfliegen, sind die Eltern unermüdlich beschäftigt, ihnen Insekten als Nahrung herbeizuschaffen. ■

Gartenrotschwanz 058

PHOENICURUS PHOENICURUS

Halboffene Landschaften wie Gärten mit altem Baumbestand, Streuobstwiesen, Waldränder und Feldgehölze sind typische Lebensräume des Gartenrotschwanzes.

orangeroter Schwanz mit dunklen, mittleren Federn

Männchen im Prachtkleid: 14 cm lang, schwarze Kehle, orangeroter Bauch, weiße Stirn, hellgrauer Scheitel und Rücken

Weibchen: helles Gesicht mit dunklem Auge, beiger Bauch mit orangem Farbton, Rücken hellbraun

Gartenrotschwänze verbringen den Winter in den Savannen West- und Zentralafrikas. Sie lernen dort auch die Gesänge von afrikanischen Vogelarten und bauen sie als Imitationen in ihren eigenen Gesang ein. Im April kehren sie während des Laubaustriebs zurück in ihre Brutgebiete in Mitteleuropa. Sie sind trotz ihres bunten Gefieders im frischen Laub schwer zu sehen, da sie sich häufig in Baumkronen aufhalten. ■

Nachtigall 059

LUSCINIA MEGARHYNCHOS

Nachtigallen sind selten zu sehen. Sie leben verborgen im Gebüsch und fallen meist durch ihren melodischen, vielseitigen Gesang auf, der auch nachts vorgetragen wird.

Der Gesang der Nachtigall ist ein beliebtes Thema in Literatur und klassischer Musik. Seine Vielfalt ist bemerkenswert. Wenn die Nachtigall singt, sitzt sie still auf einem Ast im Unterholz, die Federn der Kehle gesträubt und den Unterschnabel schnell auf- und zuklappend. Schluchzende Laute reihen sich an kräftige Crescendi und harte Rufe in endlosen Variationen. Über 200 Strophentypen kann das Repertoire eines Männchens umfassen – ein entscheidendes Kriterium für die Partnerwahl der Weibchen. ■

Heckenbraunelle 060

PRUNELLA MODULARIS

Heckenbraunellen schlüpfen geschickt durch dichtes Gestrüpp und den Unterwuchs in Gärten und Wäldern. Im Winter besuchen sie auch Futterhäuschen.

Im komplexen Sozialsystem der Heckenbraunellen besetzen sowohl Männchen als auch Weibchen Reviere. Bei den Weibchen hängt deren Größe von der Verfügbarkeit von Nahrung ab. In nahrungsarmen Lebensräumen sind sie groß und überlappen sich mit den Revieren mehrerer Männchen, die sich alle mit dem Weibchen paaren und an der Aufzucht der Jungen beteiligen, sodass trotz Nahrungsmangel eine Aufzucht der Brut ermöglicht wird. Dominante Männchen dulden untergeordnete, meist jüngere Männchen in ihrem Revier, die ebenfalls bei der Jungenaufzucht helfen und sich in unbeobachteten Momenten ebenfalls mit dem Weibchen paaren. Vor der Paarung balzt das Männchen mit zuckenden Flügeln oder reißt diese plötzlich hoch. Auch pickt es mit dem Schnabel nach der Kloake des Weibchens, wohl um dieses zum Herauspressen von Spermien konkurrierender Männchen zu bewegen. Sein Einsatz beim Füttern der Küken hängt davon ab, wie häufig es sich mit dem Weibchen gepaart hat. ■

Haussperling, Hausspatz 061

PASSER DOMESTICUS

Haussperlinge haben sich dem Menschen eng angeschlossen. Sie leben auf der ganzen Welt in Dörfern und Städten häufig unter demselben Dach wie wir – zumindest zur Brutzeit.

Die ausgesprochen geselligen Vögel brüten in kleinen Kolonien. Paare bleiben oft ein Leben lang zusammen, was bei unseren heimischen Singvögeln selten vorkommt. Wenn ein Männchen jedoch eine Brut mit einer zweiten Partnerin beginnt, kommt es zu dramatischen Szenen. Die alte Partnerin attackiert dann das Nest ihrer Rivalin und tötet die Küken, damit sich das Männchen ganz auf ihren eigenen Nachwuchs konzentriert. Bis zu drei Bruten mit 4–6 Küken kann ein Paar in einem Sommer großziehen, vorausgesetzt sie finden reichlich Insekten, die für die Aufzucht der Küken lebensnotwendig sind. Nach der Brutzeit und im Winter sammeln sie sich in großen Trupps, die oft gut geschützt in dichten Hecken rasten und durch ein lautes Stimmengewirr tschilpender Rufe auffallen. ■

Feldsperling, Feldspatz 062

PASSER MONTANUS

Feldsperlinge bewohnen ländliche Regionen und leben anders als Haussperlinge auch fern von Siedlungen an Waldrändern, Alleen oder in Auwäldern.

In China, Japan und Südostasien hat der Feldsperling die Rolle des Haussperlings übernommen und brütet dort selbst in den Zentren von Megastädten wie Peking, Tokyo oder Jakarta. Im Jahr 1870 wurden zwölf Brutpaare in St. Louis in den USA ausgesetzt, konnten sich aber bis heute nur unwesentlich im Tal des Mississippi ausbreiten. Im Gegensatz zum Haussperling, der, ausgehend von einigen Vögeln, die 1850 in New York freigelassen wurden, innerhalb von 60 Jahren die gesamten USA bis zum Pazifischen Ozean besiedelt hatte. ■

Bachstelze 063

MOTACILLA ALBA

langer, schmaler Schwanz mit weißen Kanten

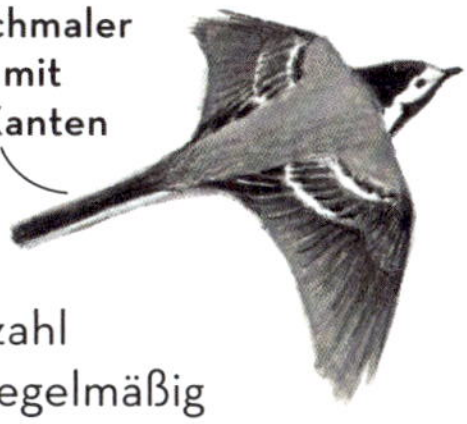

Während der Brutzeit leben Bachstelzen in einer Vielzahl offener Lebensräume, auch fern von Gewässern und regelmäßig sogar in Gärten, wo die Nester oft in Schuppen gebaut werden.

Schlichtkleid: helle Kehle und dunkles Brustband, Scheitel grau, Wangen schmutzig grau

erstes Winterkleid: graue Stirn, Gesicht etwas gelblich

Männchen im Prachtkleid: 18 cm lang, weißes Gesicht, schwarze Kehle, dunkle Kappe scharf zum grauen Rücken abgesetzt, weiße Flügelbinden und Bauch, lange, schwarze Beine

Weibchen im Prachtkleid: schwarze Kappe undeutlich zum grauen Rücken abgesetzt

Unablässig wippen Bachstelzen mit dem schmalen, schwarzweißen Schwanz. Auf den langen Beinen können sie schnell laufen und in kleinen Sprints Insekten jagen, die sie mit dem kurzen Schnabel aufpicken. Sie fangen Insekten aber auch in der Luft, wobei der Schwanz bei den wendigen Flugmanövern breit gefächert wird. Auch im Winter verteidigen sie kleine Reviere für die Nahrungssuche, häufig Abschnitte von Flussufern oder Seen. ■

Buchfink 064

FRINGILLA COELEBS

Buchfinken leben überall, wo Bäume wachsen – in Laub- und Nadelwäldern, Gärten, Parks, Feldgehölzen und Alleen. Sie gehören zu den häufigsten Vögeln in Mitteleuropa.

Sie suchen ihre Nahrung überwiegend am Waldboden, im Winter sind Bucheckern ihre wichtigste Nahrung. Daher ziehen Buchfinken im September und Oktober aus ihren nördlichen Brutgebieten nach Mittel- und Südeuropa, bevor der erste Schneefall die Nahrung unerreichbar macht. Männchen verbringen den Winter etwas weiter nördlich als Weibchen, wohl weil sie etwas größer sind. In Skandinavien können die Schwärme im Winter rein aus Männchen bestehen, was dem Buchfink seinen wissenschaftlichen Namen *coelebs*, lateinisch für unverheiratet, gab. Zur Brutzeit passt dieser Name hingegen gar nicht. Buchfinken paaren sich fast 200-mal bis die Eier eines Geleges befruchtet sind. Das Nest ist ein kleiner Napf, der alleine vom Weibchen in Bäumen oder Sträuchern gebaut und von außen mit Flechten getarnt wird. ■

weiße Flügelbinden, Schwanzseiten an der Basis weiß, Schwanz leicht gekerbt

Bergfink

065

FRINGILLA MONTIFRINGILLA

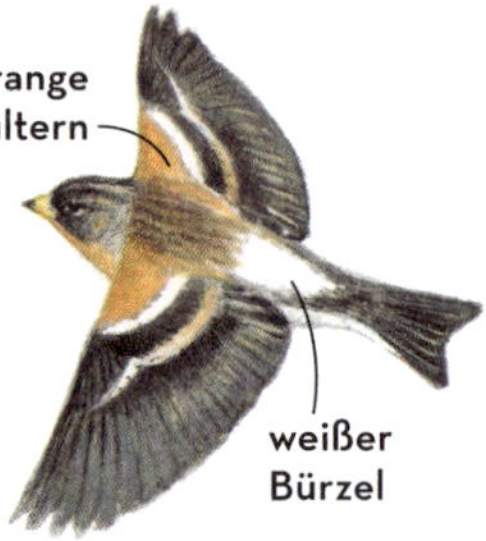

Bergfinken brüten in der Taiga Skandinaviens in Nadel- und Birkenwäldern. Sie erscheinen in Mitteleuropa nur als Wintergäste, häufig in gemischten Trupps mit Buchfinken.

Bergfinken sind im Winter sehr gesellig und suchen in Trupps am Waldboden nach Bucheckern, ihrer bevorzugten Winternahrung. In der Dämmerung sammeln sich die Vögel einer ganzen Region an einem gemeinsamen Schlafplatz. Diese Plätze können unvorstellbar große Schwärme von über einer Million Vögeln umfassen. Meist finden sich in der Dämmerung auch Greifvögel, Eulen, Füchse oder Mader dort ein, um einige von ihnen zu erbeuten. ■

Kernbeißer 066

COCCOTHRAUSTES COCCOTHRAUSTES

Kernbeißer halten sich bevorzugt weit oben in den Kronen von Laubbäumen auf, besonders in Hainbuchen oder Rotbuchen. Im Winter sieht man sie öfter am Waldboden, und sie besuchen auch Futterhäuschen.

Mit ihrem mächtigen Schnabel können sie die steinharten Kerne von Kirschen knacken, im Mittelmeerraum auch ähnlich harte Olivenkerne. Daneben stehen auch Früchte von Hainbuchen, Ahornarten und Buchen auf ihrem Speiseplan, im Frühling dann besonders Knospen und junge Blätter. Ihre lockeren Nester bauen sie hoch in Baumkronen. Oft brüten mehrere Paare dicht beieinander in losen Kolonien. ■

Gimpel, Dompfaff

067

PYRRHULA PYRRHULA

Gimpel bevorzugen dichtes Gestrüpp aus jungen Bäumen. Wegen ihrer leisen Rufe und des eher trägen Verhaltens sind sie trotz der bunten Farben unauffällig.

Im Herbst und Winter fressen Gimpel gerne die roten Früchte von Vogel- und Mehlbeeren. Allerdings haben sie es dabei keineswegs auf das rote Fruchtfleisch abgesehen, das durch Quetschen der Früchte zunächst vom Samen getrennt und dann weggeschleudert wird. Vielmehr fressen sie die kleinen Kerne der Früchte, die sie allerdings erst noch geschickt im Schnabel schälen. Im Frühling stehen dann besonders Knospen von Bäumen auf dem Speiseplan. ■

Erlenzeisig 068

CARDUELIS SPINUS

Erlenzeisige leben zur Brutzeit in Fichtenwäldern. Sie wandern weit umher auf der Suche nach Wäldern, in denen gerade reichlich Zapfen vorhanden sind.

Mit ihren langen, spitzen Schnäbeln können sie die Fichtensamen aus den Zapfen picken. Zur Brutzeit stellen diese eine Hauptnahrungsquelle dar und werden als aufgeweichter Brei auch an die Küken verfüttert. Im Herbst und Winter sind Erlenzeisige oft in großen Trupps unterwegs und ihre bevorzugte Nahrung in dieser Zeit sind die Samen der namengebenden Erlen und Birken, die sie geschickt an den Zweigen turnend aus den Zapfen picken. ■

Grünfink, Grünling

069

CHLORIS CHLORIS

Grünfinken sind typische Vögel in Einfamilienhaussiedlungen. Das Nebeneinander aus Rasenflächen, Büschen und einzelnen Nadelbäumen kommt ihrem natürlichen Lebensraum nahe.

Im Winter streifen Grünfinken in teils großen Schwärmen oft gemeinsam mit anderen Finken umher und besuchen häufig auch Futterhäuschen, an denen sie gegenüber anderen Arten sehr dominant auftreten. Im Jahr 2009 wurde in Deutschland erstmals ein rätselhaftes Grünfinkensterben beobachtet. Grünfinken saßen mit Futterresten am Schnabel, aufgeplustert und lethargisch an Futterstellen und starben später. Tierärzte konnten als Verur-

sacher der Krankheit den einzelligen Parasiten *Trichomonas gallinae* ausmachen, der durch verschmutztes Futter und Wasser übertragen wird. Dieser verstopft den Kropf, sodass der Vogel keine Nahrung mehr aufnehmen kann und verhungert. Es ist daher ausgesprochen wichtig, beim Vogelfüttern penibel auf Hygiene zu achten und das Füttern umgehend einzustellen, wenn Vögel mit entsprechenden Symptomen auftreten. ■

Girlitz 070

SERINUS SERINUS

Vom Mittelmeer aus haben Girlitze ihr Verbreitungsgebiet im 19. und 20. Jahrhundert bis nach Norddeutschland ausgedehnt. Die wärmeliebenden Vögel haben in unseren Städten und Dörfern eine neue Heimat gefunden.

Im Frühling tragen die Männchen ihren schnellen, klingelnden Gesang von hohen Warten wie Baumspitzen, Hausgiebeln oder Fernsehantennen vor. Oft versammeln sich mehrere Männchen in einer Art Balzarena. Der Gesang wird auch als auffälliger Singflug vorgetragen, bei dem der Vogel sich von Seite zu Seite werfend über das Revier fliegt und dabei ständig singt. Die Wahl des Nistplatzes sowie Nestbau und Brutgeschäft sind Aufgabe des Weibchens. Die kleinen Nester werden häufig in Nadelgehölzen, aber auch an efeuberankten Hauswänden und in Obstbäumen angelegt. Während des Brütens wird das Weibchen vom Männchen mit Nahrung versorgt. Diese suchen Girlitze am Boden, bevorzugt auf schütter bewachsenen Flächen oder Blühstreifen, in denen die überwiegend vegetarischen Vögel reichlich zarte Kräuter und Pflanzensamen finden. ■

Birkenzeisig 071

CARDUELIS FLAMMEA

Die als Alpenbirkenzeisig bekannte Unterart *cabaret* brütet in Mitteleuropa vielerorts in Gärten. Die helleren Taigabirkenzeisige der Unterart *flammea* sind unregelmäßige Wintergäste aus Skandinavien.

Als Brutgebiet wurde Deutschland vom Birkenzeisig erst Mitte des 20. Jahrhunderts entdeckt. Ausgehend von Brutpopulationen in den Alpen und in England besiedelten sie zunächst die Nordseeküste, das Alpenvorland und das Ruhrgebiet. Die Ausbreitung wurde vermutlich durch die vermehrte Anpflanzung von Nadelbäumen und Birken begünstigt, die in keinem Birkenzeisig-Revier fehlen dürfen. Mittlerweile sind Birkenzeisige in Deutschland weit verbreitet, fehlen jedoch unerklärlicherweise regional beispielsweise im Raum Berlin oder am Oberrhein. ■

Bluthänfling 072

CARDUELIS CANNABINA

Offene Landschaften mit einem reichen Angebot an Kräutern und einigen Büschen oder Hecken für die Anlage des Nestes sind der bevorzugte Lebensraum des Bluthänflings.

weißes Flügelfeld, weiße Schwanzseiten, Schwanz eingekerbt

Weibchen: gestreifte Brust, gestreifter Rücken

Männchen: roter Fleck auf Stirn, grauer Kopf

13 cm lang, rote Brust, einfarbig brauner Rücken

Auch während der Brutzeit sind Bluthänflinge gesellig. Oft brüten mehrere Paare kolonieartig in enger Nachbarschaft, wobei die Männchen nur den Neststandort als Revier verteidigen. Zur Nahrungssuche fliegen die Brutpaare in kleinen Trupps umher und suchen an Wegrändern und in Brachen nach Sämereien von Kräutern, ihrer bevorzugten Nahrung. Bei den Nahrungsflügen können sie sich bis zu einem Kilometer vom Nest entfernen und dort sogar singen. Dadurch ist es äußerst schwierig, den tatsächlichen Brutplatz ausfindig zu machen. ■

Stieglitz, Distelfink 073

CARDUELIS CARDUELIS

Mit ihrem spitzen Schnabel gelangen Stieglitze geschickt an die Früchte von Disteln und anderen Korbblütlern.

Außerhalb der Brutzeit sind Stieglitze sehr gesellig – zunächst im Familienverband mit den Jungvögeln, denen noch das charakteristische rote Gesicht fehlt, und später in großen Trupps. Die Gemeinschaft bietet Schutz vor Feinden wie Sperbern. Bei Störung fliegt der Trupp unter unzähligen *Sti-gelit*-Rufen mit aufblitzenden goldgelben Flügelbinden auf. ■

Goldammer

074

EMBERIZA CITRINELLA

Auf den Spitzen dorniger Büsche sitzen im Frühjahr die leuchtend gelben Männchen der Goldammer und schmettern unentwegt ihre kurze Gesangsstrophe *di-di-di-di Zi-ty*.

Je nach Region variiert der Gesang erheblich, selbst innerhalb Mitteleuropas haben sich mehrere Dialekte ausgebildet, die sich besonders im Ende der Strophe unterscheiden. Junge Goldammern lernen den Gesang im Sommer von ihrem Vater und von Nachbarn und verändern ihn danach nicht mehr. So erhalten sich die lokalen Variationen über viele Generationen. Die Männchen beherrschen innerhalb ihres Dialekts mehrere Varianten – je mehr, umso attraktiver sind sie für Weibchen. ■

Service

Service

Kontaktdaten von Institutionen, die sich für den Vogelschutz einsetzen
DDA – Dachverband Deutscher Avifaunisten (DDA) e. V.
Geschäftsstelle
An den Speichern 2, 48157 Münster
dda-web.de

Naturschutzbund Deutschland (NABU) e. V.
NABU-Bundesgeschäftsstelle
Charitéstr. 3, D-10117 Berlin
nabu.de

LBV – Landesbund für Vogelschutz in Bayern e. V.
Eisvogelweg 1, D-91161 Hilpoltstein
lbv.de

BirdLife Österreich – Gesellschaft für Vogelkunde
Museumsplatz 1/10/8, A-1070 Wien
birdlife.at

Schweizer Vogelschutz SVS/ BirdLife Schweiz
Wiedingstr. 78, CH-8036 Zürich
birdlife.ch

Bezugsquellen für Nisthilfen, Futter & Co.
– *gevo-gmbh.info*
– *lbv-shop.de*
– *nabu-shop.de*
– *naturschutzbedarf-strobel.de*
– *pauls-muehle.de*
– *schwegler-natur.de*
– *vivara.de*
– *welzhofer.eu/de*

Bücher zum Weiterlesen

Barthel, P. H., Dougalis P. (2019): **Was fliegt denn da?** Das Original. Alle Vogelarten Europas. 200 Seiten, KOSMOS

Berthold, P., Mohr, G. (2021): **Vögel füttern – aber richtig.** Das ganze Jahr füttern, schützen und sicher bestimmen. 176 Seiten, KOSMOS

Dierschke, V. (2020): **Welcher Vogel ist das?** Über 440 Vogelarten Europas. 256 Seiten, KOSMOS

Khil, L. (2022): **Vögel Österreichs.** 390 Arten erkennen und beobachten. 368 Seiten, KOSMOS

Mischitz, V. (2019): **Birding für Ahnungslose.** Wie du Vögel in dein Leben lässt. 128 Seiten, KOSMOS

Schmid, U. (2018): **Welcher Gartenvogel ist das?** 100 Arten erkennen und beobachten. 192 Seiten, KOSMOS

Schmid, U. (2018): **Vögel – zwischen Himmel und Erde.** Reihe NaturZeit. Ein Buch zum Schmökern. 240 Seiten, KOSMOS

Singer, D. (2022): **Was fliegt denn da?** Der Fotoband. 346 Vogelarten Europas. 400 Seiten, KOSMOS

Strauß, D. (2019): **Gartenvögel lebensgroß:** Die 60 häufigsten Vögel, einfache Bestimmung, mit 60 Rufen und Gesängen. 112 Seiten, KOSMOS

Svensson, L. et al. (2018): **Der Kosmos-Vogelführer.** Alle Arten Europas, Nordafrikas und Vorderasiens. 448 Seiten, KOSMOS

Weiß, F. (2019): **Unsere Vögel und ihre Stimmen.** 100 heimische Arten kennenlernen mit dem Kosmos-Soundmodul. 224 Seiten, KOSMOS

Vogelstimmen auf CD und DVD

Bergmann, H.-H., Engländer, W. (2019): **Die Kosmos-Vogelstimmen-Edition.** 220 Vögel, Filme und Stimmen. 2 DVDs mit Begleitbuch. 184 Seiten, KOSMOS

Singer, D. (2018): **Alle Vögel sind schon da.** 40 Vogelstimmen auf CD. Mit Vogeluhr und Bestimmungshilfe für draußen. KOSMOS

Viele Kosmos-Bücher (s. o.) sind zudem auch mit der KOSMOS-PLUS-App verbunden, mit der Sie die Stimmen der Vögel im Buch hören können.

KOSMOS-Apps

– Gartenvögel
– Vögel füttern und erkennen
– Der KOSMOS-Vogelführer
– Vögel Europas bestimmen – Was fliegt denn da?

Zum Autor

Felix Weiß ist Biologe. Er lebt und arbeitet in Husum, dem Tor zum vogelreichen Nationalpark Schleswig-Holsteinisches Wattenmeer. Die heimische Vogelwelt begeistert ihn seit seiner Kindheit und führt ihn in die entlegensten Winkel Europas. Sein besonderes Interesse gilt der faszinierenden Welt der Seevögel.

Register

Impressum

Umschlaggestaltung Gramisci Editorial Design (Claudia Geffert), München unter Verwendung von drei Illustrationen von Paschalis Dougalis/KOSMOS. Die Illustrationen zeigen einen Blaumeise (*Cyanistes caeruleus* – vorne), fliegende Singdrossel und fliegender Zilpzalp (*Turdus philomelos* und *Phylloscopus collybita* – hinten)

Mit 201 Illustrationen von Paschalis Dougalis/KOSMOS und 11 Fotos von Wolfgang Buchhorn/Frank Hecker (S. 9, 15), Frank Hecker (S. 10, 11, 12, 16, 18, 19, 21) und Felix Weiß (S. 123).

Mit 74 Vogelstimmen von Jean C. Roché auf der KOSMOS-PLUS-App

Die doppelseitigen Kapitelaufmacher und Klappen zeigen:
Klappe vorne: Zaunkönig *(Troglodytes troglodytes)*
S. 2/3: Stockente (*Anas platyrhynchos*) und Zilpzalp *(Phylloscopus collybita)*
S. 22/23: Girlitz *(Serinus serinus)* und Buchfink *(Fringilla coelebs)*
S. 120/121: Kohlmeise *(Parus major)* und Blaumeise *(Cyanistes caeruleus)*
Klappe hinten: Hausrotschwanz *(Phoenicurus ochruros)*

Gedruckt auf chlorfrei gebleichtem Papier

ISBN: 978-3-440-17444-9
Redaktion: Lisa Hummel
Produktion: Markus Schärtlein
Layout & Satz: Claudia Adam Graphik-Design, Bad Kreuznach
Druck und Bindung: Longo AG, Bozen
Printed in Italy/Imprimé en Italie

74 Vogelstimmen

Auf der Suche nach dem Gesang eines bestimmten Vogels? Hier finden Sie den entsprechenden Nummerncode, um die Stimme schnell in der KOSMOS-Plus-App aufzurufen.

001	Graugans
002	Stockente
003	Nilgans
004	Jagdfasan
005	Graureiher
006	Weißstorch
007	Mäusebussard
008	Rotmilan
009	Sperber
010	Turmfalke
011	Teichhuhn
012	Lachmöwe
013	Straßentaube
014	Ringeltaube
015	Türkentaube
016	Steinkauz
017	Schleiereule
018	Waldohreule
019	Mauersegler
020	Halsbandsittich
021	Buntspecht
022	Grünspecht
023	Eichelhäher
024	Elster
025	Saatkrähe
026	Dohle
027	Raben-/Nebelkrähe
028	Kohlmeise
029	Blaumeise
030	Haubenmeise
031	Tannenmeise
032	Sumpfmeise
033	Weidenmeise
034	Schwanzmeise
035	Mehlschwalbe
036	Rauchschwalbe
037	Zilpzalp
038	Gelbspötter